U0831657

国家自然科学基金项目(11104346,51204159)资助
中央高校基本科研业务经费专项项目(2020ZDPYMS32)资助

有限时间热力学框架下的热机性能优化研究

张 荣 白 龙 唐芙蓉 著

中国矿业大学出版社
· 徐州 ·

内 容 提 要

有限时间热力学源于热机的性能优化研究，属于非平衡热力学的一个重要分支。本书系统探讨了有限时间热力学及其在各领域的应用。首先概述了有限时间热力学的历史、现状及热机性能优化方法。接着，研究了热源尺寸对制冷机性能的影响、不同传热机制对热机性能的影响、非线性热耗散装置的工作机制、不可逆化学机的热力学性能、时间反演对称性破坏条件下的热机性能、最小非线性不可逆热电机的性能优化、耦合型热装置的权衡优化、介观热电机的生态优化、低耗散型热装置的热力学性能以及非线性不可逆热器件的生态优化问题。

本书可供从事热物理研究的高校教师、科研人员及研究生阅读参考。

图书在版编目(CIP)数据

有限时间热力学框架下的热机性能优化研究 / 张荣，白龙，唐芙蓉著. —徐州 ：中国矿业大学出版社，2025. 2. — ISBN 978-7-5646-6613-2

Ⅰ. TK1

中国国家版本馆 CIP 数据核字第 2025AH6329 号

书　　名　有限时间热力学框架下的热机性能优化研究
著　　者　张　荣　白　龙　唐芙蓉
责任编辑　褚建萍
出版发行　中国矿业大学出版社有限责任公司
（江苏省徐州市解放南路　邮编 221008）
营销热线　(0516)83885370　83884103
出版服务　(0516)83995789　83884920
网　　址　http://www.cumtp.com　**E-mail**:cumtpvip@cumtp.com
印　　刷　江苏凤凰数码印务有限公司
开　　本　787 mm×1092 mm　1/16　**印张** 9.5　**字数** 187 千字
版次印次　2025 年 2 月第 1 版　2025 年 2 月第 1 次印刷
定　　价　42.50 元

前　言

美国哈佛大学的知名学者欧廷格曾给出如下精辟论述：没有物质，什么都不存在；没有能量，什么都不会发生；没有信息，什么都没有意义。的确，时至今日，物质、能量与信息已经构成了物理学研究的主要对象。“能量”一词根植于物理世界，它表征物质（物体）做功的能力，能量蕴藏在物质之中，其表现形式各异，但能量确是支配物质世界运行的唯一源泉。

始于1760年前后的第一次工业革命，推动着人类社会迈入能量大规模开发与利用的新纪元。在此期间，热机（制冷机）被发明并得到了广泛使用，进而极大提高了人类社会的生产力。然而，彼时的工程界对以下两个问题展开了激烈争论：① 热机效率是否存在极限；② 什么样的工作物质是最理想的热机。1824年，法国的青年学者萨迪·卡诺发表了《论火的动力》一文。在这篇具有里程碑意义的文章中，卡诺创造性地用“理想实验”的思维方法，明确提出了具有重要理论意义的热机循环，即卡诺循环，并指出了热机效率的上限。卡诺热机虽然是一个理想模型，但却奠定了热力学研究的理论基础。

卡诺热机的准静态假设（可逆过程）与现实世界中的热机工作过程（不可逆过程）存在着巨大差异。自热机诞生以来，探索现实世界中热机工作机制及热力学性能优化成为热力学和工程学领域的重要课题。1929年，Henri B. Reitlinger研究了在有限时间条件下热机的效率问题。特别是，以1975年的Curzon-Ahlborn热机模型为标志，有限时间热力学这一新兴交叉学科应运而生，开创了热机优化研究的新纪元。目前，作为非平衡热力学的一个分支，有限时间热力学已成为一个活跃的研究领域。在工业文明不断推进的过程中，能源的有效利用已从单纯的工程技术问题上升为关乎人类可持续发展的战略命题。传统的平衡态热力学框架在描述实际热机性能时存在一定局限性，无法准确刻画热机的工作过程及现实因素对能量转换效率的影响。有限时间热力学通过引入新的时间维度与优化判据，构建了热机性能分析的新框架，在一定程度上突破了经典理论的束缚。

本书作者长期从事有限时间热力学方面的研究工作，在热机性能优化方面积累了丰富的经验。这本著作是作者多年来耕耘于这一领域的阶段性研究总结，力求为相关领域研究者提供一本兼具理论与实践价值的参考书籍。

本书的第 1 章系统性梳理了有限时间热力学从理论萌芽到成熟的发展历程，重点介绍了几类典型热机理论模型和优化方法，并给出了这一领域的未来发展趋势，为后续章节的深入探讨奠定坚实的理论基础。第 2 章创新性地建立了热源尺寸与制冷机性能的定量关联模型，揭示了有限冷源条件下制冷系数与系统参数之间的关系，实现在不同应用场景下运行参数的有效匹配。第 3 章将研究视角拓展至传热机制领域，定量分析了不同传热模式对热机效率的影响，为新型热器件的优化设计提供了理论支撑。第 4 章将非线性耗散模型引入权衡优化分析，给出了非线性热耗散条件下热机性能的优化路径。第 5 章将研究范畴扩展至化学机领域，揭示了低耗散和内可逆化学机模型的权衡优化差异与联系。第 6、7 章从时间反演对称性破缺的独特视角切入，研究了在给定功率条件下的热机性能优化，发现了时间反演对称性破坏对热机性能的增益效应，为热机的设计提供了新思路。第 8 章从非线性不可逆热力学视角阐释了耦合热机的权衡优化。第 9 章构建了在时间反演对称性破坏条件下的介观热电机模型，给出了介观热电机在生态优化判据下的热力学特征。第 10 章创新性地将生态学优化判据引入低耗散模型的热力学性能分析，建立了热力性能与环境影响的内在联系。第 11 章进一步深化了非线性不可逆热力学系统的研究，采用生态优化方法分析了非线性不可逆热力学器件的热力学演化规律，为优化实际热机性能提供了理论指导。

随着全球不可再生能源的逐渐枯竭，能源的高效利用已成为赋能可持续发展的关键力量。为了应对不可再生能源的危机和全球气候变暖，我国政府于 2020 年 9 月明确提出了“碳达峰”与“碳中和”计划。随着“双碳”目标的持续推进，能源系统的优化亟须物理学方法的指导；量子技术的突破对热力学的发展提出了新的要求；数字化技术与人工智能的发展为复杂热力学系统的优化提供了新工具。有限时间热力学的研究方向与这些时代发展需求高度契合，这预示着有限时间热力学将迎来新的发展机遇。热力学优化理论与工程实践的深度融合、量子效应与热力学现象的协同分析、人工智能辅助的量子热力学等前沿领域，仍需科学界共同探索。希望本书的出版能够推动有限时间热力学的发展，为人类社会的可持续发展贡献一定的智慧力量。但因学科交叉的广度与理论发展的速度，书中难免存在疏漏之处，恳请读者批评指正。

最后，我们要感谢课题组的研究生年磊磊、卢灿灿、李倩文、刘伟、李玲等人，他们的建议为本书提供了很多实质性的改进。我们特别感谢中国矿业大学出版社的褚建萍编辑，她仔细审阅了书稿，并一次次不辞辛劳地提出了宝贵的修改意见，使得本书得以不断完善并顺利出版。

著　者

2025 年 1 月

目　　录

第 1 章　热机性能的优化:有限时间热力学的视角

工业革命的核心,其实就是能源转换的革命。为什么这么多人会担心我们会耗尽所有能源?为什么他们会担心我们耗尽所有燃料之后,会有一场大灾难?显然,这个世界缺的不是能源,而是能够驾驭并转换符合我们所需的知识。

——摘自《人类简史:从动物到上帝》(尤瓦尔·赫拉利[以色列])

人类社会以及人类自身的发展均与能源转换方式的变革紧密相关。人类从"茹毛饮血"到"钻燧取火,以化腥臊",从漫长的采集时代向农耕时代的转变,与其说是一场生活方式的变革,不如说是能量转换方式的革新。因为在采集时代,人类从不干预动植物的生长过程,他们所需的能量直接从大自然中获取。而在农耕时代,人类开始操纵若干种动植物的生长过程,这种人为干预的能源转换方式导致人类从漂泊不定的生活过渡到不再迁徙的定居生活。人类在经历了较为漫长的农耕文明之后,知识和技术的积累导致了工业革命的到来。在工业化时代,人类掌握了更多的能量转换方法,极大地提高了生产力水平,使得人类社会的发展巨轮滚滚向前。

诚然,宇宙的总能量不仅是守恒的,而且是巨大的。按常理而言,这么多的能源足以供应和满足人类在任何时期的发展需求。然而,由于人类还缺乏足够的知识来驾驭更多的能量转换方式,这就导致当前的人类社会面临着能源危机。自 18 世纪 60 年代爆发第一次工业革命以来,人类社会的工农业生产对不可再生能源(如煤炭、石油、天然气等)的需求和消耗与日俱增,这导致寻找新能源以及能源节约和有效利用成为摆在人类面前的一个重要问题。

基于热力学原理设计和制造的热力学装置(包括热机和制冷机)是第一次工业革命的引擎,即便进入了如今的信息时代,我们依然能够看到它们的身影,并且这些热力学装置仍在发挥着重要作用。1824 年,法国的青年物理学家卡诺从理论角度分析了热机的性能[1]。同时,卡诺提出了卡诺循环,该循环包括两个等温过程和两个绝热过程,以卡诺循环为基础可以构建卡诺热机,卡诺指出工作在高低温热源之间的所有热机的效率不可能大于卡诺效率 $\eta_c = 1 - T_c/T_h$,这里 T_h 和 T_c 分别是高低温热源的温度。卡诺的研究工作不仅奠定了热力学理论基础，而且指明了提高热机效率的努力方向，同时也导致了热力学第二定律的发现。

然而，基于卡诺循环的卡诺热机的热力学过程是准静态的，即热机的循环周期无限长，这导致卡诺热机的输出功率为零。因此，卡诺热机仅具有理论价值而缺乏实用性。在此背景下，研究有限时间循环热机的热力学性能不仅具有理论价值，更具有实际意义。于是，有限时间热力学应运而生，作为非平衡热力学的一个分支，有限时间热力学已经成为一个非常活跃的研究领域[2-6]。

1.1 有限时间热力学

在有限时间热力学的发展史上，人们通常将 Curzon 与 Ahlborn 的研究论文视为具有是里程碑意义的工作[7]。在这篇文章中，他们给出了工作在有限时间内的热机在最大功率输出时的效率，即所谓的 CA 效率，即 $\eta_{CA}=1-\sqrt{T_c/T_h}$。然而，从科学史的角度来看，早在 1929 年，法国的 Reitlinger 在分析热机的实用性过程中就得到了与 CA 效率同样的结果[8]。由于 Reitlinger 的论文是用法文写的，因此在很长时间内，他的研究并未引起人们的注意。在不知道 Reitlinger 的工作前提下，Yvon 在 1955 年也得到了同样的结果。而在 1957 年，Chambadal 和 Novikov 分别从核能利用率和热循环过程角度出发，得到了与 CA 效率相同的结论[8]。纵观这段有限时间热力学的诞生过程，可以看出人们在寻求具有实用性热机和提高热机性能方面所做的努力。

2005 年，Van den Broeck 从昂萨格关系式出发，在线性不可逆热力学的框架内推导出了 CA 效率公式[9]。这个工作在有限时间热力学与线性不可逆热力学之间建立起了桥梁，无疑将有限时间热力学纳入非平衡热力学范畴起到了促进作用。

虽然有限时间热力学仅仅对经典热力学做了一个时间尺度上的修正，但这个修正却促使了大量的相关研究工作，研究的范围从宏观领域扩展到量子领域。当前，有限时间热力学的研究方法已经渗入生物学与经济学领域，甚至在未来的智能制造和可持续发展方面也发挥着重要作用[6]。

1.2 有限时间热力学框架下的热机模型

近代科学的奠基人之一伽利略认为数学是大自然的语言，主张用实验＋数学方法研究自然规律，这一研究方法现已经成为科学研究的标准范式。事实上，物理学旨在探索物质世界的基本规律，是探索自然规律的一门学科。因此在物理学的建立和发展过程中，根据物理要素建立的数学模型即物理模型发挥着至关重要的作用。在有限时间热力学的发展史上，人们相继建立了一些典型的热机模型，这些模型从不同侧面诠释了有限时间背景下热机的热力学特征。

1.2.1　内可逆模型

事实上，Curzon 和 Ahlborn 在他们的文章中提出的是一个 Carnot-like 热机模型，也称 CA 模型。CA 模型仍然包括两个等温过程和两个绝热过程。在等温过程中，工作物质（简称工质）与两个热源之间的热交换遵循牛顿热传导定律，即

$$Q_h = \alpha t_h (T_h - T_{hw}) \tag{1.1}$$

$$Q_c = \beta t_c (T_{cw} - T_c) \tag{1.2}$$

式中，α 和 β 为热传导系数；T_h 和 T_c 分别是高低温热源的温度；T_{hw} 和 T_{cw} 分别是工质在两个等温过程中的温度；t_h 和 t_c 分别为两个等温过程的持续时间。值得注意的是，Curzon 和 Ahlborn 认为两个等温过程是不可逆过程，但两个绝热过程是可逆的，他们假设绝热过程持续的时间非常短，可以忽略不计。可以看出，这个热循环过程不同于可逆卡诺循环，所以 CA 模型被称为内可逆模型。此后，内可逆模型成为在有限时间热力学发展过程中应用最早和最多的热机模型。在内可逆模型中，功率可以表示为

$$P = \frac{Q_h - Q_c}{t_h + t_c} \tag{1.3}$$

在满足功率最大的条件下，可以得到最大功率时的效率（即 CA 效率），即

$$\eta_{mp} = 1 - \sqrt{T_c / T_h} \tag{1.4}$$

此后，Curzon 和 Ahlborn 提出的内可逆模型被推广至多种情形，为有限时间热力学的建立和发展奠定了坚实基础。

在考虑多种不可逆因素的条件下，一个广义不可逆 Carnot 热机模型如图 1.1 所示。这个广义不可逆 Carnot 热机模型可以说是内可逆模型的延伸与推广[10,11]。其中，工作流体（即工质）在与高低温热源接触过程中，热传导过程满足

$$Q_{hc} = \alpha A_h \left(T_h^n - T_{hc}^n\right)^m \tag{1.5}$$

$$Q_{lc} = \beta A_c \left(T_{lc}^n - T_l^n\right)^m \tag{1.6}$$

式中，A_h 和 A_c 为两个热源的接触面积；指数 m 和 n 选择不同值对应不同的热传导规律，例如 $m = n = 1$，对应牛顿热传导定律；$m = 1$ 和 $n = 4$，对应 Stefan-Boltzmann 热辐射定律。此外，高低温热源之间可能会出现直接的热传递现象，其热流用 q 表示。

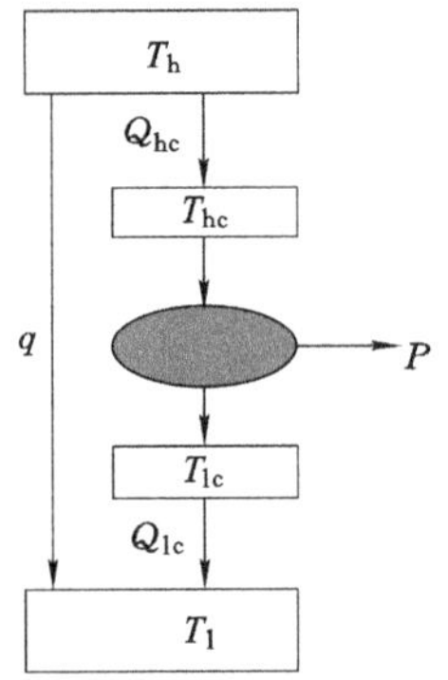

图 1.1　广义不可逆 Carnot 热机模型

与可逆 Carnot 热机模型不同，内可逆模型引入了时间参量（t_1 与 t_2）和不可逆过程的演化规律，这意味着内可逆模型突破了传统热力学的界限。内可逆模型更加接近实际热机，对深入理解实际热机的工作工程和性能优化具有重要的理论价值和实践意义。

1.2.2　低耗散模型

在有限时间热力学发展过程中，低耗散卡诺热机（Low-Dissipation Carnot Engine）模型是一个独特的存在。早在 2008 年，德国斯图加特大学的 Schmiedl 和 Seifert 就研究了一个基于布朗颗粒的随机热机模型[12]。在这个随机热机模型中，Schmiedl 和 Seifert 将两个传热过程中的热量归结为两个简单的表达式

$$Q^{(h)}=T_h\Delta S-\frac{A_{irr}^{(h)}}{t_h} \tag{1.7}$$

$$Q^{(c)}=T_c\Delta S+\frac{A_{irr}^{(c)}}{t_c} \tag{1.8}$$

他们给出了这个热机在最大功率时的效率为 $\eta^*=\eta_c/(2-\alpha\eta_c)$，其中，$\alpha$ 与不可逆参数有关，η_c 为卡诺效率；t_h 和 t_c 为传热过程的持续时间，$A_{irr}^{(h)}$ 和 $A_{irr}^{(c)}$ 是与不可逆作用有关的参量。在这个工作的启发下，Esposito 将这个随机布朗热机模型推广至更为一般的情况，从而提出了低耗散模型[13]。低耗散热机与制冷机模型如图 1.2 所示。事实上，Esposito 的低耗散模型与上述的布朗热机模型非常类似，在低耗散模型中，工质在与高低温热源接触过程中的吸热与放热满足的方程如下

$$Q_h=T_h\left(\Delta S-\frac{\Sigma_h}{\tau_h}+\cdots\right) \tag{1.9}$$

$$Q_c = T_c\left(\Delta S + \frac{\Sigma_c}{\tau_c} + \cdots\right) \tag{1.10}$$

式中，$\Delta S>0$ 为等温过程中的熵变；τ_h 和 τ_c 为接触时间；Σ_h 和 Σ_c 为含有不可逆信息的参数。通常的低耗散模型，只取式(1.9)和式(1.10)中时间项的一阶近似。值得注意的是，在对称性耗散条件下($\Sigma_h=\Sigma_c$)，可以从低耗散模型得到 CA 效率。低耗散模型将传热过程中的不可逆行为归结在两个耗散参数(Σ_h 和 Σ_c)之中，于是热力学过程的不可逆行为不再依赖于传热规律。Johal 对低耗散与内可逆模型的比较分析表明：在线性响应机制下，两个模型具有等价性。由于低耗散模型对温差没有限制，在超越线性响应区后，低耗散与内可逆模型呈现出了差异性[14]。由此可见，低耗散模型更具有普遍性，该模型在物理上已经拓展了内可逆模型的应用范围，后续的大量相关研究也进一步佐证了低耗散模型的理论价值和实际意义。

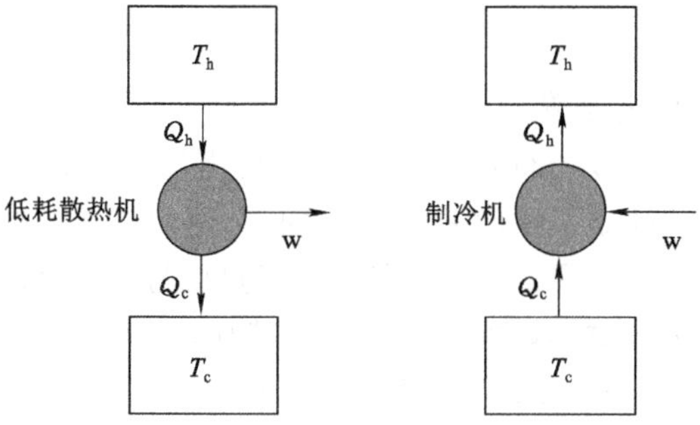

图 1.2　低耗散热机与制冷机模型

1.2.3　线性不可逆模型

20 世纪 30 年代，昂萨格方程的建立为线性不可逆热力学的确立和发展做出了奠基性贡献。线性不可逆热力学将热力学流与热力学力之间的关系用动力学方程表示。基于动力学方程的不可逆热力学主要以微分方程的形式对系统的热力学行为进行局域分析；而有限时间热力学更注重热力学系统的演化过程，侧重对热力学行为进行整体性刻画与分析。不可逆热力学与有限时间热力学能够互为补充和相互促进。因此，有限时间热力学与不可逆热力学之间存在深刻的内在联系。

在线性不可逆热力学的框架内，Van den Broeck 从热力学流和力满足的昂萨格方程出发，给出了基于内可逆建设的 CA 效率[9]。这个研究表明，CA 效率是线性不可逆热力学的一个自然结果，无须考虑内可逆近似与热传导规律。

如果考虑外磁场破坏时间反演对称性情形，热力学流与力之间的关系为

$$\begin{aligned} J_1 &= L_{11}(B)X_1 + L_{12}(B)X_2 \\ J_2 &= L_{21}(B)X_1 + L_{22}(B)X_2 \end{aligned} \tag{1.11}$$

式中，J_1 和 J_2 分别为粒子流和热流；X_1 和 X_2 表示热力学力。由于磁场破坏了时间反演对称性，这导致昂萨格系数互易性不成立，即 $L_{12}(B) \neq L_{21}(B)$。利用熵增加原理，可知昂萨格系数满足

$$L_{11}(B) \geqslant 0, L_{22}(B) \geqslant 0, L_{11}(B)L_{22}(B) - \frac{1}{4}[L_{12}(B) + L_{21}(B)]^2 \geqslant 0 \tag{1.12}$$

在线性响应区，破坏时间反演对称性会导致热机在最大功率时的效率超越 CA 效率。而且，热机的最大效率与热电品质因子存在明确关系，即

$$\eta_{\max} = \eta_c \frac{\sqrt{ZT+1}-1}{\sqrt{ZT+1}+1} \tag{1.13}$$

式中，$ZT = \sigma S^2 T/\kappa$，为热电品质因子。其中，σ 是电导率；S 是 Seebeck 系数；T 是系统平均温度；κ 是热导率。

日本学者 Izumida 和 Okuda 以一个布朗热机为出发点在昂萨格系数与低耗散模型热力学量之间建立了明确关系[15]。随后，他们拓展了线性不可逆热力学中的昂萨格关系，相继提出了最小非线性不可逆热机与制冷机模型（图 1.3），给出了两类最小非线性不可逆热装置的性能优化特征，并将模型中的昂萨格系数用低耗散参数来表示，这进一步证明了最小非线性不可逆模型的有效性[16-18]。

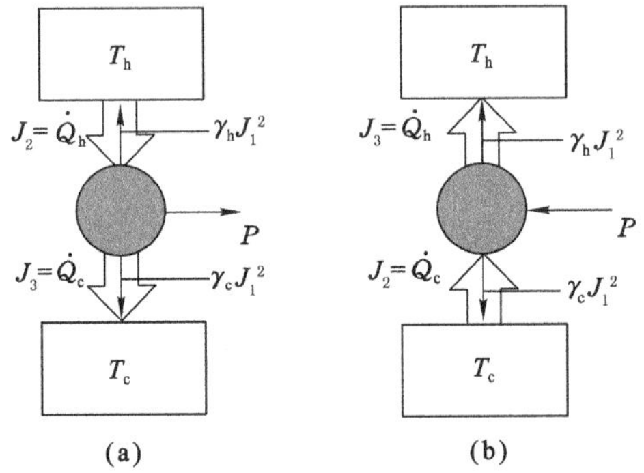

图 1.3　最小非线性不可逆热机模型(a)和制冷机模型(b)

对于最小非线性不可逆热机而言，热力学流与力满足的昂萨格关系为

$$J_1 = L_{11}X_1 + L_{12}X_2$$
$$J_2 = L_{21}X_1 + L_{22}X_2 - \gamma_h J_1^2 \tag{1.14}$$

而对于最小非线性不可逆热机,热力学流与力满足的昂萨格关系为

$$J_1 = L_{11}X_1 + L_{12}X_2$$
$$J_2 = L_{21}X_1 + L_{22}X_2 - \gamma_c J_1^2 \tag{1.15}$$

可以看出,这两种非线性热机的昂萨格关系中存在非线性项$-\gamma_h J_1^2(-\gamma_c J_1^2)$,它们表示传热过程中的热损耗。对这两种热装置性能优化的详尽分析,可参考文献[18]。

1.2.4　量子热机模型

1995 年,Edwards 等讨论了两种纳米制冷机(即量子点制冷机与金属-绝缘体-超导体异质结制冷机)的热力学性能[19]。2002 年,Humphrey 等提出了量子布朗热机模型[20],如图 1.4 所示。左右两个电子库的化学势分别是 μ_L 和 μ_R,并且 $\mu_L - \mu_R = eV > 0$;两个电子库的温度满足 $T_L < T_R$。在这种条件下,电子流就会从左边的电子库输运到右边的电子库,进而向外界输出功率。在这个量子热机中,ε_s 为两个电子库以可逆方式交换电子的能级。这个量子装置就是

$$\varepsilon_s = \frac{\mu_L T_R - \mu_R T_L}{T_R - T_L} \tag{1.16}$$

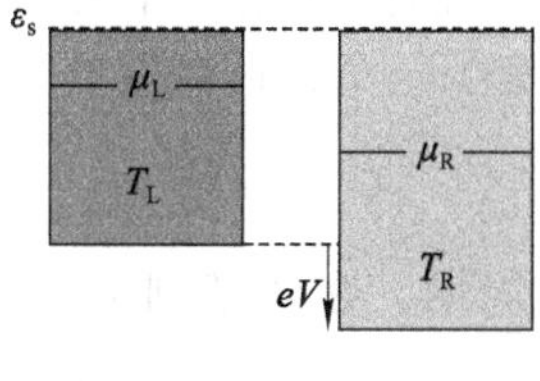

图 1.4　量子布朗热机模型

后来人们广泛研究了具有共振通道的量子热机的原型。2009 年,Esposito 等用量子主方程研究了量子点的热力学性能(图 1.5),得到了量子点热机在最大功率时的效率为[21]

$$\eta_{mp} = \frac{\eta_c}{2} + \frac{\eta_c^2}{8} + \frac{[7 + \mathrm{csch}^2(a_0/2)]}{96}\eta_c^3 + \cdots \tag{1.17}$$

其中,$a_0 = 2.399\ 36$。这个结果与 CA 效率的符合度达到了二阶项。

在电子器件日趋小型化的今天,微观尺度上的热功转换问题已经成为物理学领域的一个重要研究方向,量子力学在其中起着重要作用。对量子系统的热力学研究已经形成了一门学科——量子热力学[22-24]。

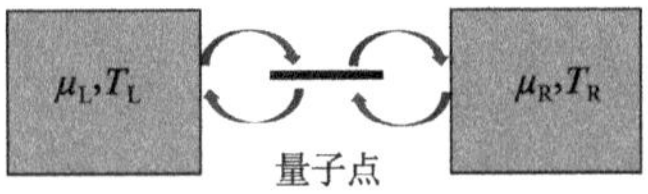

图 1.5　量子热机模型

1.3　优化热机性能的理论方法

战国时期的思想家孟子在《鱼我所欲也》中写道："鱼，我所欲也，熊掌亦我所欲也；二者不可得兼，舍鱼而取熊掌者也。"这种"鱼与熊掌不可得兼"的情况在有限时间热力学领域同样存在。人们使用热机总是希望在实现最大功率输出时，热机的效率也达到最大值。然而事与愿违，人们在大量的生产实践与科学研究中发现，热机的功率与效率不可能同时达到最大值，这也为优化热力学装置的性能提供了巨大空间。因此，寻找合适的优化方法对热力学装置进行优化，使其满足生产实践需要，进而给出基本的优化关系已经成为有限时间热力学领域中更为本质和重要的内容。

1.3.1　最大品质因子法

无论是热机还是制冷机的优化，构造一个有效的目标函数是非常关键的。Yan 等对于制冷机的优化构造了一个目标函数[25]

$$\chi^{(R)}=\varepsilon\frac{Q_c}{t} \tag{1.18}$$

式中，ε 为制冷系数；t 为循环周期。在此基础上，De Tomás 等提出了一个统一的优化判据[26]，即

$$\chi=\frac{zQ_{in}}{t} \tag{1.19}$$

对于热机而言，$z=\eta$ 和 $Q_{in}=Q_h$。从式(1.19)可得 $\chi^{(H)}=\eta\dot{Q}_h=P$。因此，品质因子等于功率 P，品质因子的优化等价于求解最大功率输出时的热力学问题。对于制冷机而言，式(1.19)可约化为式(1.18)。

利用品质因子作为目标函数优化热装置的热力学性能已经得到了广泛应用，这种方法在揭示输出功率、制冷功率、效率与制冷系数的时空演化方面具有一定的优势，目前已成为优化热装置性能的一种有效方法[27]。

1.3.2　生态判据法

1991 年，墨西哥学者 Angulo-Brown 提出了所谓的生态判据方法[28]。对于

热机而言,他将生态判据函数写为 $E=P-T_c\sigma$。这里,P 为输出功率,T_c 为冷源温度,σ 为系统的熵产生率。后来,Yan 推广了生态函数,将热机(制冷机)的生态函数改写为 $E=P-T_0\sigma(E=\dot{Q}_c-\varepsilon_c T_0\sigma)$,式中的 T_0 代表环境温度[29,30]。事实上,生态判据主要在功率输出与能量损失之间寻求一个最佳的折中方案,进而达到优化热力学系统的目标。这种方法的一个缺点是依赖于环境温度 T_0,而 T_0 通常是一个不确定的因素。此外,确定系统的熵产生率 σ 也较为困难。

1.3.3　权衡判据法

针对生态优化判据存在的缺陷,Hernández 等提出了一个适用于所有能量转换装置的权衡优化方法(也称 Ω 判据)[31]。针对不同的能量转换装置,目标函数 Ω 的具体形式如下:

热机:
$$\Omega_{HE}=(2\eta-\eta_c)\dot{Q}_h \tag{1.20}$$
制冷机:
$$\Omega_{RE}=(2\varepsilon-\varepsilon_c)P\varepsilon_c \tag{1.21}$$
热泵:
$$\Omega_{HP}=(2\nu-1-\nu_c)P\varepsilon_c \tag{1.22}$$

式中,$\nu=\varepsilon+1$ 为热泵的性能系数;P 为外界的输入功率。权衡优化方法致力于寻找有用能和由于不可逆导致的损失能之间的权衡,进而得到热力学系统的优化参数,实现增强系统热力学性能的目的。

虽然 Ω 判据与生态判据 E 相似,但是 Ω 判据无须考虑环境参数和计算熵产生率,因而在优化热装置性能方面具有一定的优势并被广泛采用[32-34]。

1.3.4　效率功方法

1980 年,Stucki 用线性不可逆热力学方法研究线粒体的能量转换过程,并提出了用效率功函数($P_\eta=\eta P$)研究生物体内部的能量输运过程[35]。严子浚将 $P_\eta=\eta P$ 引入有限时间热力学,用以优化热装置的热力学性能,并证明 $P_\eta=\eta P$ 是一个有效的目标函数[36]。后来,Yilmaz 正式将这一方法命名为效率功方法[37]。由于热机的功率和效率不能同时达到最大值,$P_\eta=\eta P$ 函数试图在功率输出与效率之间建立权衡关系,进而达到优化热机性能的目的。效率功方法在稳态域非稳态能量转换器、热离子装置、生物系统等方面得到了广泛应用[38]。

1.4　热装置的未来发展趋势

进入 21 世纪,量子力学对人们生产生活的影响日趋明显,计算机、手机、数码相机、核磁共振等均是量子力学发展出来的衍生产品。而量子通信、量子测量、量子计算机等量子技术的出现正逐步使人类进入新“量子时代”。近年来,纳米技术、生物技术与微电子技术发展迅速，这使得量子系统的能量转换过程日益受到人们的重视。人们在纳米器件的热功转换机制[39]、量子系统的热输运和热电效应[40,41]、量子比特系统内的能量转换机制与能量动力学[42]、量子点系统的热电能量利用[43]、量子系统的热力学[44-47]等方面开展了大量研究工作，在研究过程中充分借鉴了有限时间热力学的思想，这表明量子热装置(包括热机、制冷机、热泵、热晶体管等)的相关研究已成为未来热装置发展的主要趋势。

量子系统的能量转换机理、性能优化以及量子控制研究融合了量子力学、统计力学、热力学、生物物理、数学优化等多门学科。量子系统的能量转换研究致力于揭示热力学定律与量子力学之间的内在联系，这不仅对基础物理研究而且对能源的高效利用具有重要意义。

参考文献

[1] 曹则贤. 关于热力学的几点新视角下的思考[J]. 物理，2024，53(1)：60-62.

[2] 陈金灿，严子浚. 有限时间热力学理论的特征及发展中几个重要标志[J]. 厦门大学学报(自然科学版)，2001，40(2)：232-241.

[3] ANDRESEN B. Current trends in finite-time thermodynamics[J]. Angewandte Chemie International Edition，2011，50(12)：2690-2704.

[4] 陈林根，孙丰瑞，CHIH W. 有限时间热力学理论和应用的发展现状[J]. 物理学进展，1998，18(4)：395-422.

[5] 马余翰，董辉，孙昌璞. 能造出功率和效率都高的热机吗?：有限时间热力学的发展与展望[J]. 物理，2021，50(1).

[6] ANDRESEN B，SALAMON P. Future perspectives of finite-time thermodynamics[J]. Entropy，2022，24(5)：690.

[7] CURZON F L，AHLBORN B. Efficiency of a Carnot engine at maximum power output[J]. American Journal of Physics，1975，43(1)：22-24.

[8] VAUDREY A，LANZETTA F，FEIDT M H B. Reitlinger and the origins of the efficiency at maximum powerformula for heat engines[J]. Journal of Non-Equilibrium Thermodynamics，2014，39(4)：199-203.

[9] VAN DEN BROECK C. Thermodynamic efficiency at maximum power[J]. Physical Review Letters，2005，95(19)：190602.

[10] CHEN L G，LI J，SUN F R. Generalized irreversible heat-engine

experiencing a complex heat-transfer law[J]. Applied Energy,2008,85(1):52-60.

[11] DE VOS A. Efficiency of some heat engines at maximum-power conditions[J]. American Journal of Physics,1985,53(6):570-573.

[12] SCHMIEDL T, SEIFERT U. Efficiency at maximum power: an analytically solvable model for stochastic heat engines[J]. EPL (Europhysics Letters),2008,81(2):20003.

[13] ESPOSITO M, KAWAI R, LINDENBERG K, et al. Efficiency at maximum power of low-dissipation Carnot engines[J]. Physical Review Letters,2010,105(15):150603.

[14] JOHAL R S. Heat engines at optimal power: low-dissipation versus endoreversible model[J]. Physical Review E,2017,96:012151.

[15] IZUMIDA Y,OKUDA K. Onsager coefficients of a Brownian Carnot cycle[J]. The European Physical Journal B,2010,77(4):499-504.

[16] IZUMIDA Y,OKUDA K. Efficiency at maximum power of minimally nonlinear irreversible heat engines[J]. EPL (Europhysics Letters),2012,97(1):10004.

[17] IZUMIDA Y, OKUDA K, CALVO HERNÁNDEZ A, et al. Coefficient of performance under optimized figure of merit in minimally nonlinear irreversible refrigerator[J]. EPL (Europhysics Letters),2013,101(1):10005.

[18] IZUMIDA Y,OKUDA K,ROCO J M,et al. Heat devices in nonlinear irreversible thermodynamics[J]. Physical Review E, 2015, 91(5):052140.

[19] EDWARDS H L,NIU Q,GEORGAKIS G A,et al. Cryogenic cooling using tunneling structures with sharp energy features[J]. Physical Review B,1995,52(8):5714-5736.

[20] HUMPHREY T E,NEWBURY R,TAYLOR R P,et al. Reversible quantum Brownian heat engines for electrons[J]. Physical Review Letters,2002,89(11):116801.

[21] ESPOSITO M, LINDENBERG K, VAN DEN BROECK C. Thermoelectric efficiency at maximum power in a quantum dot[J]. EPL (Europhysics Letters),2009,85(6):60010.

[22] ANDERS J,ESPOSITO M. Focus on quantum thermodynamics[J].

New Journal of Physics,2017,19(1):010201.
[23] DEFFNER S, CAMPBELL S E. Quantum thermodynamics: an introduction to the thermodynamics of quantum information[M]. [S. l.]:IOP Publishing,2019.
[24] GEMMER J,MICHEL M,MAHLER G. Quantum thermodynamics [M]. Berlin:Springer,2009.
[25] YAN Z J,CHEN J C. A class of irreversible Carnot refrigeration cycles with a general heat transfer law[J]. Journal of Physics D: Applied Physics,1990,23(2):136-141.
[26] DE TOMÁS C, HERNÁNDEZ A C, ROCO J M M. Optimal low symmetric dissipation Carnot engines and refrigerators[J]. Physical Review E,2012,85(1):010104.
[27] CALVO HERNÁNDEZ A,MEDINA A,ROCO J M. Time,entropy generation,and optimization in low-dissipation heat devices[J]. New Journal of Physics,2015,17(7):075011.
[28] ANGULO-BROWN F. An ecological optimization criterion for finite-time heat engines[J]. Journal of Applied Physics,1991,69(11):7465-7469.
[29] YAN Z J. Comment on "An ecological optimization criterion for finite-time heat engines"[J]. Journal of Applied Physics, 1993, 73 (7):3583.
[30] YAN Z J. Comment on "a general property of endoreversible thermal engines"[J]. Journal of Applied Physics,2001,89(2):1518-1519.
[31] HERNÁNDEZ A C, MEDINA A, ROCO J M M, et al. Unified optimization criterion for energy converters[J]. Physical Review E, 2001,63(3):037102.
[32] DE TOMAS C, ROCO J M M, HERNÁNDEZ A C, et al. Low-dissipation heat devices: unified trade-off optimization and bounds [J]. Physical Review E,2013,87:012105.
[33] LONG R, LIU W. Unified trade-off optimization for general heat devices with nonisothermal processes[J]. Physical Review E,2015,91 (4):042127.
[34] JULIAN G A, CALVO HERNÁNDEZ A, ROCO J M M. From maximum power to a trade-off optimization of low-dissipation heat

engines: influence of control parameters and the role of entropy generation[J]. Physical Review E,2017,95:022131.

[35] STUCKI J W. The optimal efficiency and the economic degrees of coupling of oxidative phosphorylation [J]. European Journal of Biochemistry,1980,109(1):269-283.

[36] 严子浚. ηP 最大时的 η 和 P[J]. 自然杂志,1983,7(6):475.

[37] YILMAZ T. A new performance criterion for heat engines: efficient power[J]. Journal of the Energy Institute,2006,79(1):38-41.

[38] SINGH V,JOHAL R S. Low-dissipation Carnot-like heat engines at maximum efficient power [J]. Physical Review E, 2018, 98(6):062132.

[39] BENENTI G,CASATI G,SAITO K,et al. Fundamental aspects of steady-state conversion of heat to work at the nanoscale[J]. Physics Reports,2017,694:1-124.

[40] SRIVASTAVA G P. Tuning phonon properties in thermoelectric materials[J]. Reports on Progress in Physics Physical Society,2015, 78(2):026501.

[41] DUBI Y,DI VENTRA M. Heat flow and thermoelectricity in atomic and molecularjunctions [J]. Reviews of Modern Physics, 2011, 83:131.

[42] ARRACHEA L. Energy dynamics, heat production and heat-work conversion with qubits: toward the development of quantum machines[J]. Reports on Progress in Physics,2023,86(3):036501.

[43] SOTHMANN B, SÁNCHEZ R, JORDAN A N. Thermoelectric energy harvesting with quantum dots[J]. Nanotechnology,2015,26(3):032001.

[44] LANDI G T, POLETTI D, SCHALLER G. Nonequilibrium boundary-driven quantum systems: models, methods, and properties [J]. Reviews of Modern Physics,2022,94(4):045006.

[45] KOSLOFF R,LEVY A. Quantum heat engines and refrigerators: continuous devices[J]. Annual Review of Physical Chemistry,2014, 65:365.

[46] JARZYNSKI C. Equalities and inequalities: irreversibility and the second law of thermodynamics at the nanoscale[J]. Annual Review of

Condensed Matter Physics,2011,2:329-351.
[47] MYERS N M, ABAH O, DEFFNER S. Quantum thermodynamic devices:from theoretical proposals to experimental reality[J]. AVS Quantum Science,2022,4(2):027101.

第 2 章　热源尺寸有限的制冷机的热力学性能分析

2.1　研究背景概述

时至今日，能源的存储和利用已经成为全世界所面临的一个重要问题。由于不可再生能源（如石油，煤炭，天然气，油页岩等）的日益枯竭，有效利用不可再生和可再生能源已经成为节约能源和维持社会可持续发展的重要途径之一。热机作为一种将热能转换为机械能的装置，自从被发明以来一直在人类的生产和生活中发挥着重要作用。然而，热机（包括制冷机）的效率（制冷系数）会受到卡诺定理的限制，即 $\eta \leqslant \eta_c = 1 - T_c/T_h$ $[\varepsilon \leqslant \varepsilon_c = T_c/(T_h - T_c)]$，这里 T_h 和 T_c 分别是高低温热源的温度，η_c 和 ε_c 分别是卡诺效率和卡诺制冷系数。然而，由于卡诺热机（制冷机）的工作过程是准静态过程，其输出（输入）功率为零，这使得基于卡诺循环的热设备的使用受到了极大制约。20 世纪 50～70 年代，Yvon、Chambadal、Novikov、Curzon 和 Ahlborn 等研究了工质与高低温热源接触满足有限时间的热转移过程[1,2]，并给出了有限时间条件下的热机在最大功率时的效率，即所谓 CA 效率，他们的先驱性工作标志着有限时间热力学的诞生。随后，有限时间热力学与线性不可逆热力学的等价性被证明[3]，这进一步丰富了有限时间热力学的科学内涵。目前，有限时间热力学因其理论的实用性已经成为热力学研究的一个活跃领域[4-12]。众所周知，人们对于热机（制冷机）的研究通常是假设热源满足热力学极限，即热源的尺寸无限大并且高低温热源的温度保持不变。而事实上，这种理想化的条件使得对于热机（制冷机）的性能优化缺乏一定的工程实用性。基于有限时间热力学方法，一些研究表明高低温热源的尺寸对于热机性能有着重要影响[13-16]。高低温热源均为有限尺寸情况下的热机研究给出了一个内可逆循环热机性能的优化关系[17]。基于线性不可逆热力学方法，高温热源尺寸有限而冷源尺寸无限情况下的研究表明：在紧耦合条件下热机的最大输出功为有效能的一半，相应的效率也是基于辐射能定义的最大热力学效率的一半[18]。一个关于高低温热源均为有限尺寸的热机性能的系统性研究给出了热机工作在线性响应和非线性响应区域的优化途径[19,20]。因此，热源有限尺寸的热设备的性能研究因其具有工程实践性价值已经成为有限时间热力学研究领域的一个重要课题。

然而，目前人们更多关注有限尺寸热源（或冷源）热机的性能优化问题，而对于高温热源尺寸无限而冷源尺寸有限的制冷机的性能研究较少，其实该制冷过程对应于一个有限尺寸的物体（冷源）被冷却到一个指定的目标温度而外部环境（热源）温度保持不变的一个热力学过程，也是在工程实践中常见的热力学过程。

本章基于线性不可逆热力学理论，结合有限时间热力学方法，研究了一个有限尺寸低温热源的制冷机（保持高温热源无限）的工作过程，解析性地给出了该制冷机在紧耦合条件下的输入功率和制冷系数的表达式，并且讨论了该制冷机的性能优化问题。

2.2 物理模型与公式

本章研究的制冷机模型如图 2.1 所示。假设该制冷机冷源的初始温度为 T_{c0}，制冷的目标温度为 T_{cf}，T_h 为无限大尺寸热源的温度，T 为 t 时刻有限尺寸冷源的温度，C_V 为等体热容量，P 为外界输入功。当外界输入无限小功 dA 时，工质从冷源吸收的无限小热量为 dQ_c，则该制冷机在工作过程中的外界输入功 A 表示为

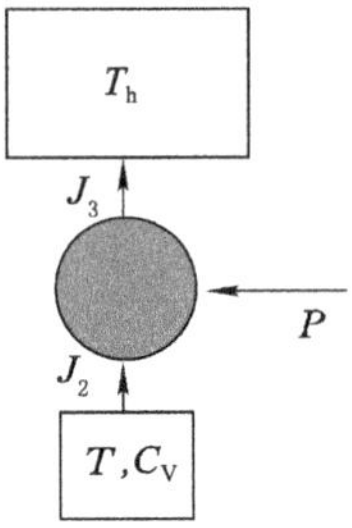

图 2.1　制冷机模型示意图

$$A = \int dA = \int \frac{dQ_c}{\varepsilon^T} \geqslant \int \frac{dQ_c}{\varepsilon_c^T} \tag{2.1}$$

式中，ε^T 为制冷系数；ε_c^T 为对应该过程的卡诺制冷系数。一个闭合的热力学系统与外部环境构成一个复合热力学系统，外界对这个复合热力学系统所做的最小功就是制冷机的辐射能。于是，外界输入给制冷机的最小功（也称辐射能）为

$$E \equiv \int \frac{dQ_c}{\varepsilon_c^T} = -\int_{T_{c0}}^{T_{cf}} \frac{C_V dT}{\varepsilon_c^T} = \int_{T_{c0}}^{T_{cf}} \left(1 - \frac{T_h}{T}\right) C_V dT$$

$$= U_{cf} - U_{c0} + T_h(S_{c0} - S_{cf}) \tag{2.2}$$

其中，$U_i(S_i)(i=c0,cf)$表示初末态的内能(熵)。在计算式(2.2)的过程中，我们使用了如下公式：

$$U_{cf} - U_{c0} = \int_{T_{c0}}^{T_{cf}} C_V dT, S_{cf} - S_{c0} = \int_{T_{c0}}^{T_{cf}} \frac{C_V}{T} dT \tag{2.3}$$

于是，制冷系数 ε 可以表示为

$$\begin{aligned}\varepsilon &= \frac{Q_c}{A} = \frac{U_{cf}-U_{c0}}{A} \leqslant \frac{U_{cf}-U_{c0}}{E} \\ &= \frac{1}{-1+\dfrac{T(S_{c0}-S_{cf})}{U_{c0}-U_{cf}}} \equiv \varepsilon_{max}\end{aligned} \tag{2.4}$$

这里，ε_{max}是工程上的最大制冷系数。当 $C_V \to \infty$时(对应一个等温过程)，则有$(U_{c0}-U_{cf})/T = Q_c/T = S_{c0}-S_{cf}$。在这种情况下，$\varepsilon_{max}$等于卡诺制冷系数 $\varepsilon_c = T_{c0}/(T_h - T_{c0})$。

另一方面，基于局域平衡假设的线性不可逆热力学形成了一个较为完备的理论，该理论能够描述近平衡态下宏观热力学系统的非平衡演化过程。因此，利用线性不可逆热力学方法，制冷机的热力学流和力之间的关系可以表示为

$$J_1 = \dot{x} = L_{11}X_1 + L_{12}X_2 \tag{2.5}$$

$$J_2 = \dot{Q}_c = L_{21}X_1 + L_{22}X_2 \tag{2.6}$$

式中，$J_1 = \dot{x}$ 表示粒子流密度；$J_2 = \dot{Q}_c$ 为工作物质从冷源吸收的热流；点“·”表示对时间的导数；$L_{ij}(i,j=1,2)$表示昂萨格系数，且 $L_{12}=L_{21}$。整个系统的熵产生率为

$$\begin{aligned}\sigma &= J_1X_1 + J_2X_2 = \frac{\dot{Q}_h}{T_h} - \frac{\dot{Q}_c}{T} \\ &= \frac{\dot{Q}_c + \dot{A}}{T_h} - \frac{\dot{Q}_c}{T} = \frac{\dot{A}}{T_h} + \dot{Q}_c\left(\frac{1}{T_h} - \frac{1}{T}\right)\end{aligned} \tag{2.7}$$

根据热力学第二定律，昂萨格系数满足如下条件：

$$\begin{aligned}&L_{11} \geqslant 0, L_{22} \geqslant 0 \\ &L_{11}L_{22} - L_{12}L_{21} \geqslant 0\end{aligned} \tag{2.8}$$

令输入功率 $\dot{A} = F\dot{x}$(F 代表广义力，例如：电场力，化学力等)。将 $\dot{A}$ 代入式(2.7)，可得如下关系：$X_1 = F/T_h$，$X_2 = 1/T_h - 1/T$，$\dot{A} = J_1X_1T_h > 0$。根据式(2.5)和式(2.6)，可得

$$J_2 = \frac{L_{21}}{L_{11}}J_1 + L_{22}X_2(1-q^2) \tag{2.9}$$

式中，q^2 是耦合系数，具体形式为

$$q^2=\frac{L_{12}L_{21}}{L_{11}L_{22}}=\frac{L_{12}^2}{L_{11}L_{22}} \quad q^2\in[0,1] \tag{2.10}$$

流入无限大高温热源的热流 J_3 为

$$J_3=\dot{A}+J_2=\frac{T_h}{L_{11}}J_1^2+\frac{L_{12}T_h}{L_{11}T}J_1+L_{22}X_2(1-q^2) \tag{2.11}$$

利用式(2.9)和式(2.11)，功率 $\dot{A}$ 还可以表示为

$$\dot{A}=J_3-J_2=\frac{T_h}{L_{11}}J_1^2+\frac{L_{12}}{L_{11}\varepsilon_c^T}J_1 \tag{2.12}$$

从初始时刻($t=0$)到最终时刻($t=\tau$)的制冷过程中，外界输入给制冷机的总功可以表示为

$$A=\int_0^\tau \dot{A}\mathrm{d}t=\int_0^\tau (J_3-J_2)\mathrm{d}t=U_{cf}-U_{c0}+\int_0^\tau J_3(t)\mathrm{d}t \tag{2.13}$$

这里，我们使用了如下公式

$$Q_c=\int_0^\tau J_2(t)\mathrm{d}t=-\int_0^\tau C_V\dot{T}\mathrm{d}t=\int_{T_{cf}}^{T_{c0}} C_V\mathrm{d}T=U_{c0}-U_{cf} \tag{2.14}$$

于是，外界输入的平均功率(P)和制冷系数(ε)分别表示为

$$P=\frac{A}{\tau}=\frac{U_{cf}-U_{c0}}{\tau}+\frac{\int_0^\tau J_3(t)\mathrm{d}t}{\tau} \tag{2.15}$$

$$\varepsilon=\frac{Q_c}{A}=\frac{U_{c0}-U_{cf}}{\int_0^\tau J_3(t)\mathrm{d}t-(U_{c0}-U_{cf})} \tag{2.16}$$

2.3 制冷性能分析与讨论

从式(2.15)和式(2.16)可以看出，在制冷时间(τ)固定的情况下，对制冷机的性能优化可以归结为对于积分项$\left[\int_0^\tau J_3(t)\mathrm{d}t\right]$的研究。在制冷机过程中，有限尺寸冷源的内能变化为

$$C_V\frac{\mathrm{d}T}{\mathrm{d}t}=C_V\dot{T}=-J_2 \tag{2.17}$$

结合式(2.9)，$J_1(t)\equiv J_1(T,\dot{T})$可以表示为

$$J_1(T,\dot{T})=-\frac{L_{11}C_V\dot{T}}{L_{21}}-\frac{L_{22}L_{11}X_2}{L_{21}}(1-q^2) \tag{2.18}$$

将式(2.18)代入式(2.11)，$J_3(t)\equiv J_3(T,\dot{T})$可以写为

$$J_3(T,\dot{T})=-\frac{T_hC_V\dot{T}}{T}+\frac{T_hC_V^2\dot{T}^2}{L_{22}q^2}+\frac{2C_V\dot{T}X_2T_h}{q^2}(1-q^2)+\frac{L_{22}T_hX_2^2}{q^2}(1-q^2) \tag{2.19}$$

优化制冷机的目的是使外界输入功最小，进而提高制冷系数。这一过程就是使得式(2.13)中的 $\int_0^\tau J_3(t)\mathrm{d}t$ 最小，并满足 $A>0$。根据欧拉-拉格朗日方程

$$\frac{\mathrm{d}}{\mathrm{d}t}\left[\frac{\partial J_3(T,\dot{T})}{\partial \dot{T}}\right]-\frac{\partial J_3(T,\dot{T})}{\partial T}=0 \tag{2.20}$$

将式(2.19)代入式(2.20)，可得

$$\frac{2T_\mathrm{h}C_\mathrm{V}\ddot{T}}{L_{22}}+\dot{T}^2\frac{\partial}{\partial T}\left(\frac{T_\mathrm{h}C_\mathrm{V}}{L_{22}}\right)=0 \tag{2.21}$$

这里用到了紧耦合条件 $q^2=1$。因为在线性不可逆热力学中，广义流与广义力满足线性关系，热力学系统的重要信息反映在昂萨格系数中，并且昂萨格系数之间的关系可以通过耦合因子 q^2 反映出来[见式(2.10)]，而紧耦合条件通常也是热机工作的最佳条件[3,21,22]。式(2.21)可以进一步写为

$$\frac{\mathrm{d}}{\mathrm{d}t}\left(\frac{\dot{T}^2C_\mathrm{V}^2}{L_{22}}\right)=0 \tag{2.22}$$

积分上式，可得

$$\frac{\dot{T}^2C_\mathrm{V}^2}{L_{22}}=\alpha \tag{2.23}$$

α 为积分常数。再对式(2.23)进行积分，于是

$$\alpha=\frac{\int_{T_{\mathrm{c}0}}^{T_{\mathrm{cf}}}\frac{C_\mathrm{V}}{\sqrt{L_{22}}}\mathrm{d}T}{\tau}=\frac{\beta}{\tau} \tag{2.24}$$

利用式(2.3)、式(2.19)、式(2.23)和式(2.24)，积分 $\int_0^\tau J_3(t)\mathrm{d}t$ 可以表示为

$$\int_0^\tau J_3(t)\mathrm{d}t=-T_\mathrm{h}\left[\int_0^\tau\left(\alpha^2-\frac{C_\mathrm{V}\dot{T}}{T}\right)\mathrm{d}t\right]=T_\mathrm{h}(S_{\mathrm{c}0}-S_{\mathrm{cf}})+\frac{T_\mathrm{h}\beta^2}{\tau} \tag{2.25}$$

将式(2.25)代入式(2.15)与式(2.16)，平均功率和制冷系数分别表示为

$$P=\frac{A}{\tau}=\frac{T_\mathrm{h}(S_{\mathrm{c}0}-S_{\mathrm{cf}})+(U_{\mathrm{cf}}-U_{\mathrm{c}0})}{\tau}+\frac{T_\mathrm{h}\beta^2}{\tau^2}=\frac{E}{\tau}+\frac{T_\mathrm{h}\beta^2}{\tau^2} \tag{2.26}$$

$$\varepsilon=\frac{Q_\mathrm{c}}{A}=\frac{U_{\mathrm{c}0}-U_{\mathrm{cf}}}{T_\mathrm{h}(S_{\mathrm{c}0}-S_{\mathrm{cf}})+(U_{\mathrm{cf}}-U_{\mathrm{c}0})+\frac{T_\mathrm{h}\beta^2}{\tau}}=\frac{U_{\mathrm{c}0}-U_{\mathrm{cf}}}{E+\frac{T_\mathrm{h}\beta^2}{\tau}} \tag{2.27}$$

从式(2.26)可以看出，平均功率 P 随着时间的增加呈现单调递减趋势，不存在平均功率 P 关于时间 τ 的最优值。这与文献[8]所述的高温热源无限而低温热源有限的热机情况不同，在那里最优功为辐射能的一半。当 $\tau\to\infty$ 时，则 $P\to 0$(对应于准静态过程)，此时 $\varepsilon=\varepsilon_{\max}=\varepsilon_\mathrm{c}$。实际上，对于一个真实的制冷过程，要求 $\tau>0$ 且为有限值，利用式(2.26)，并且令 $\Sigma=T_\mathrm{h}\beta^2$，可以得到

$$\tau=\frac{E}{2P}\left(1+\sqrt{1+\frac{4\Sigma P}{E}}\right) \tag{2.28}$$

将式(2.28)代入式(2.27)并利用式(2.4),可以得到制冷系数 ε 与功率 P 的关系为

$$\frac{1}{\varepsilon}=\frac{1}{\varepsilon_{\max}}+\frac{2\Sigma P}{E\left(1+\sqrt{1+\frac{4\Sigma P}{E}}\right)(U_{c0}-U_{cf})} \tag{2.29}$$

式(2.29)为进一步认识制冷系数与平均功率以及辐射能之间的关系提供了有力工具。为了能够更直观地反映制冷系数 ε 与 P 之间的关系,考虑到制冷机真实的工作过程,我们则选择一组参数:$\varepsilon_{\max}=3$,$\Sigma=30$ kJ·s 和 $\tau=30$ s。给定辐射能(E)后,可以根据式(2.26)和式(2.27)粗略地估算出 P 的最小值和($U_{c0}-U_{cf}$)的最大值。于是,不同辐射能(E)条件下,制冷系数(ε)随着平均功率(P)的演化行为清晰地反映在图 2.2 中。从图 2.2 可以看出,随着 P 的增加,ε 呈现出明显的单调递减的特征。同时注意到,E 的增加导致了制冷系数 ε 的增强。这样的行为可以理解如下:当 P 较小时,意味着时间 τ 很大,整个制冷过程趋近于准静态过程,制冷系数 ε 处于较大值。特别当 $P\to 0$ 时,$\varepsilon\to\varepsilon_{\max}$(图 2.2)。$P$ 的增加意味着 τ 的减少,制冷过程逐渐远离准静态过程而接近于不可逆的真实过程,这导致制冷系数呈现出逐渐减小的特征。与之相反,辐射能的增加使得 ε 呈现出增加的特征。从式(2.26)可以看出,当平均功率 P 保持不变时,E 的增大意味着 τ 的增加,这导致制冷过程的进程缓慢,表现出越来越趋近于准静态行为,因此 ε 呈现出增加行为。从上述分析可以看出,对于一个尺寸有限的低温热源的制冷过程,必须根据周围环境的实际情况和热设备的具体参数来设计制冷方案,以合适的输入功率达到较佳的制冷目的。

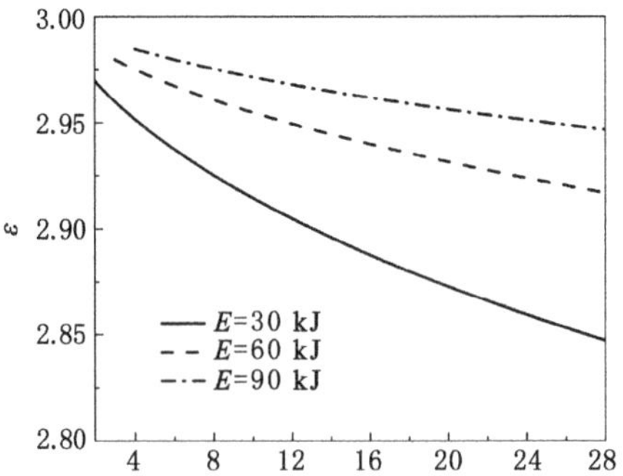

图 2.2　E 取不同值时,ε 与 P 的关系(其中,$\varepsilon_{\max}=3$,$\Sigma=30$ kJ·s 和 $\tau=30$ s)

2.4 研究结论

工作在有限尺寸的高低温热源之间的热设备的性能优化是有限时间热力学领域中的一个重要研究课题。本章提出了一个高温热源保持不变而低温热源为有限尺寸的制冷机模型,结合有限时间热力学和线性不可逆热力学理论详细地分析了该制冷机的特性。我们解析性地给出了在制冷目标温度一定情况下的外界输入功率和制冷系数表达式,并且进一步讨论了这种较为真实的热力学过程。发现在环境(高温热源)温度不变而冷源温度变化的情况下,外界的输入功率与制冷时间的关系不存在明确的优化关系。进一步发现制冷系数随着输入功率的增加呈现出单调减小的特征,而辐射能的增加导致了制冷系数的增强。这种输入功率与制冷系数的变化关系是不可逆过程和准静态过程相互竞争的反映。这个研究结果不仅有助于深入理解高温热源尺寸无限而冷源尺寸有限的制冷机的工作过程,而且对于在工程热力学上如何根据具体情况来设计热装置进而达到优化制冷也有一定的帮助。

参考文献

[1] CURZON F L, AHLBORN B. Efficiency of a Carnot engine at maximum power output[J]. American Journal of Physics, 1975, 43(1):22-24.

[2] VAUDREY A, LANZETTA F, FEIDT M H B. Reitlinger and the origins of the efficiency at maximum powerformula for heat engines[J]. Journal of Non-Equilibrium Thermodynamics, 2014, 39(4): 199-203.

[3] VAN DEN BROECK C. Thermodynamic efficiency at maximum power[J]. Physical Review Letters, 2005, 95(19):190602.

[4] ANDRESEN B. Current trends in finite-time thermodynamics[J]. Angewandte Chemie International Edition, 2011, 50(12):2690-2704.

[5] 丁泽民,陈林根,王文华,等. 三类微型能量转换系统有限时间热力学性能优化的研究进展[J]. 中国科学(技术科学),2015,45(9):889-918.

[6] 毕月虹,陈林根. 空气热泵性能有限时间热力学优化[M]. 北京:科学出版社,2017.

[7] GORDON J M, HULEIHIL M. On optimizing maximum-power heat engines[J]. 1991,69(1):1-7.

[8] BEJAN A. Entropy generation minimization:the new thermodynamics of finite-size devices and finite-time processes[J]. Journal of Applied Physics,1996,79(3):1191-1218.

[9] 卢灿灿,白龙. 含有一般性热转移过程的低耗散型热机的权衡优化研究[J]. 物理学报,2017,66(3):030504.

[10] JOHAL R S. Heat engines at optimal power: low-dissipation versus endoreversible model[J]. Physical Review E,2017,96:012151.

[11] YAN H,GUO H. Efficiency and its bounds for a quantum Einstein engine at maximum power [J]. Physical Review E, 2012, 86 (5):051135.

[12] SHENG S Q,TU Z C. Weighted reciprocal of temperature,weighted thermal flux, and their applications in finite-time thermodynamics [J]. Physical Review E,2014,89:012129.

[13] ONDRECHEN M J, RUBIN M H, BAND Y B. The generalized Carnot cycle: a working fluid operating in finite time between finite heat sources and sinks[J]. 1983,78(7):4721-4727.

[14] ONDRECHEN M J, ANDRESEN B, MOZURKEWICH M, et al. Maximum work from a finite reservoir by sequential Carnot cycles [J]. American Journal of Physics,1981,49(7):681-685.

[15] LEFF H. Available work from a finite source and sink: how effective is a Maxwell's demon? [J]. American Journal of Physics,1987,55: 701-705.

[16] ANDRESEN B, BERRY R S, ONDRECHEN M J, et al. Thermodynamics for processes in finite time [J]. Accounts of Chemical Research,1984,17(8):266-271.

[17] YAN Z J, CHEN L X. Optimal performance of an endoreversible cycle operating between a heat source and sink of finite capacities [J]. Journal of Physics A: Mathematical and General,1997,30(23): 8119-8127.

[18] IZUMIDA Y, OKUDA K. Work output and efficiency at maximum power of linear irreversible heat engines operating with a finite-sized heat source[J]. Physical Review Letters,2014,112(18):180603.

[19] WANG Y. Optimization in finite-reservoir finite-time thermodynamics[J]. Physical Review E,2014,90(6):062140.

[20] WANG Y. Optimizing work output for finite-sized heat reservoirs: beyond linear response[J]. Physical Review E,2016,93(1):012120.

[21] DE CISNEROS B J, ARIAS-HERNÁNDEZ L A, HERNÁNDEZ A C. Linear irreversible thermodynamics and coefficient of performance [J]. Physical Review E,2006,73(5):057103.

[22] IZUMIDA Y, OKUDA K, ROCO J M M, et al. Heat devices in nonlinear irreversible thermodynamics[J]. Physical Review E,2015, 91(5):052140.

第3章　不同传热规律下的CA热机以任意功率输出时的热力学性能

3.1　研究背景

热机是将外界输入的热能转变成有用功的装置，热机效率的改进成为第一次工业革命的引擎，这是自然科学指导人类生产实践的典型范例。迄今为止，热功转换一直是热力学领域中的一个重要问题，热机性能的优化已经成为热力学发展的驱动力之一。当前，随着经济的全球化与社会的快速发展，能源的需求导致不可再生能源（如石油，煤炭等）日益枯竭，寻找可再生能源和提高热装置的热功转换效率是人类得以可持续发展的根本保证。一个不争的事实是：所有热机的工作效率的上限是卡诺效率 $\eta_c=1-T_c/T_h$，这里 T_h 和 T_c 分别是高低温热源的温度。虽然基于平衡态热力学的卡诺定理是热力学第二定律的基石，但热机要想达到卡诺效率，要求其工作过程为准静态过程，这导致热机无功率输出，致使卡诺热机的实际应用受到极大的限制。众所周知，所有实际热机都是在有限时间条件下工作的。1975 年，Curzon 和 Ahlborn[1]基于内部可逆假设提出了一个有限时间条件下的热机模型，给出了热机在最大功率输出时的效率 $\eta_{CA}=1-\sqrt{T_c/T_h}$，即 CA 效率。但在更早些时候，Reitlinger、Yvon、Chambadal 和 Novikov 已经做出了类似的结果，上述研究工作导致了“有限时间热力学”成为热力学的一个崭新领域[2,4]。

事实上，CA 效率是线性非平衡热力学框架下的热机效率的一个基本结果[5]。值得注意的是，CA 效率的获得是基于一个线性热转移过程，即热源和工质之间的热传导满足牛顿热传导规律。然而，实际热机在工作过程中工质和热源之间的传热过程通常是复杂的，这使得研究具有非线性传热过程热机的性能优化更加具有理论和工程实践意义。1993 年，Angulo-Brown 和 Páez-Hernández[6]考虑了热源和工质之间的传热过程满足一个非线性传热定律，即 Dulong-Petit 定律，并详细讨论了满足非线性传热过程的热机特性。Huleihil 和 Andresen[7]研究了对流型传热过程对于一个内部可逆热机性能的影响，给出了该热机优化的功率和效率的近似解析公式。文献[8]～[11]较为系统地研究了工质与热源之间的热传递过程对于不可逆 Carnot-like 热机功率与效率的影响，给出了优化功率（效率）与系统参数的关系。Liang 等[12]基于最小熵原则分析了多种传热过程条件下热机的热功转换特征，给出了优化热机性能的一般性方法。这些工作极大地促进了热源与工质传热过程（包括线性或非线性）如何影响热机性能的相关问题研究[13-16]。

另一方面，实际的热电厂和真实热机并不是在最大功率时工作的，这主要是因为最大功率输出时热机的效率相对较小，而在比最大功率稍微小的功率工作时，热机能够获得较大的热功转换效率。Whitney[17,18]着重分析了量子器件在任意功率输出时的性能，给出了量子热机在有限功率输出时效率和功率的上限。受 Whitney 工作的启发，Ryabov 和 Holubec[19]讨论了宏观低耗散热机模型在任意功率时的优化问题，给出了最大效率和功率增益因子的关系。因此，研究任意功率（非最大功率）输出时热机性能的优化问题更具有工程实践意义[20,21]。然而，热机的不可逆工作过程主要源自热源和工作流体之间的传热过程，这种热传递过程如何影响热机在任意功率输出时的性能却很少有人关注。

因此，本章研究了具有线性和非线性传热过程的热机在任意功率输出条件下的性能优化问题。基于一个简化的 CA 热机模型并且结合代数中的等比和分比原则，解析性地推导出了任意功率输出时热机的效率与功率增益之间关系，并进一步讨论了热机性能优化与系统参数的关系，研究结果有助于人们深入理解真实热机的工作过程。

3.2　线性与非线性传热的 CA 热机的热力学量

我们所考虑的 CA 热机模型如图 3.1(a)所示，其中，T_h 和 T_c 分别为高低温热源的温度，T_{hc}和 T_{lc}分别为工质（工作流体）和高低温热源等温接触时的温度（$T_h > T_{hc} > T_{lc} > T_l$）。当工质与高低温热源等温接触的过程中，其传热过程满足如下规律：

$$\frac{dQ_{hc}}{dt} = \alpha (T_h - T_{hc})^n \tag{3.1}$$

$$\frac{dQ_{lc}}{dt} = \alpha (T_{lc} - T_c)^n \tag{3.2}$$

这里 α 为传热系数，n 为传热指数。当 $n=1$ 时，对应的是线性传热规律；当 $n=5/4$ 时，对应的是非线性传热过程的 Dulong-Petit 定律。对式(3.1)和式(3.2)进行积分，可得工质与高低温热源接触过程中吸收和放出的热量

$$Q_{hc} = \alpha (T_h - T_{hc})^n t_h \tag{3.3}$$

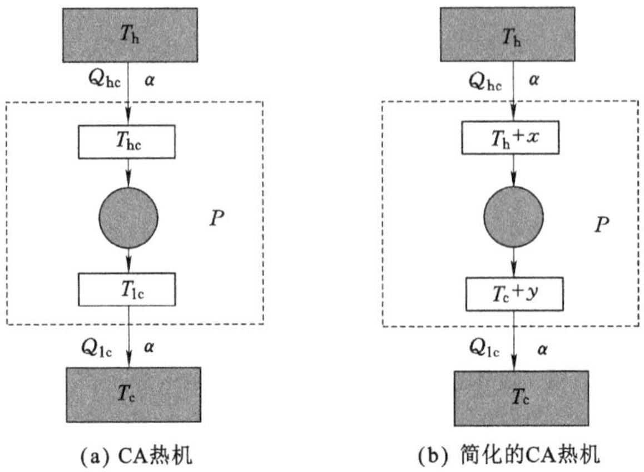

图 3.1 CA 热机和简化的 CA 热机

$$Q_{lc}=\alpha(T_{lc}-T_c)^n t_c \tag{3.4}$$

式中，t_h 和 t_c 分别是工质与高低温热源的接触时间。与两个等温过程相比较，热机的两个绝热过程持续的时间较短，可以忽略不计，这种近似满足 CA 热机的内部可逆假设要求。根据热力学第二定律，两个等温过程有如下关系：

$$\frac{Q_{hc}}{T_{hc}}=\frac{Q_{lc}}{T_{lc}} \tag{3.5}$$

热机的功率(P)和效率(η)分别表示为

$$P=\frac{Q_{hc}-Q_{lc}}{t_h+t_c} \tag{3.6}$$

$$\eta=1-\frac{Q_{lc}}{Q_{hc}} \tag{3.7}$$

为了研究热机在以任意功率输出时的性能，我们引入功率增益因子(δP)和效率增益因子($\delta\eta$)，分别表示如下：

$$\delta P=\frac{P-P_{max}}{P_{max}},\quad \delta\eta=\frac{\eta-\eta_{maxP}}{\eta_{maxP}} \tag{3.8}$$

式中，P_{max} 为热机的最大功率；η_{maxP} 为热机在最大功率时的效率，并且 $-1\leqslant\delta P\leqslant 0$。

为了优化 CA 热机的性能，我们定义工质在与高温热源接触时，工质和热源之间的温差为 $x=T_h-T_{hc}$；工质与低温热源接触而放热时，工质与低温热源的温差为 $y=T_{lc}-T_c$。参数(x,y)为深入研究热机的执行提供了有效途径。如果 $x=y$，经典的 CA 热机模型可以约化为一个简化的 CA 热机模型[22]，这个简化的 CA 热机模型能够在优化热机性能时避免繁杂的数学计算，更为重要的是它能够较好地反映不可逆热机的工作过程，并且已被证明是一个有效的热机模型[23]，简化的 CA 热机模型如图 3.1(b)所示。于是，$Q_{hc}=\alpha x^n t_h$ 和 $Q_{lc}=\alpha x^n t_c$。基于式(3.5)可以得到如下公式：

$$\frac{Q_{hc}}{T_h-x}=\frac{Q_{lc}}{T_c+x}=\frac{\alpha x^n t_h}{T_h-x}=\frac{\alpha x^n t_c}{T_c+x} \tag{3.9}$$

利用代数中的合比分比定理，可得

$$\frac{Q_{hc}-Q_{lc}}{T_h-T_c-2x}=\frac{\alpha x^n(t_h+t_c)}{T_h+T_c} \tag{3.10}$$

关于合比分比定理，可参考本章附录。利用式(3.6)和式(3.10)，非线性传热热机的功率可以表示为

$$P=\frac{Q_{hc}-Q_{lc}}{t_h+t_c}=\frac{\alpha x^n(T_h-T_c-2x)}{T_h+T_c} \tag{3.11}$$

将功率 P 对 x 求导，并满足极值条件($\mathrm{d}P/\mathrm{d}x=0$)。于是，满足最大功率输出时

$$x^*=\frac{n(T_h-T_c)}{2(n+1)} \tag{3.12}$$

将式(3.12)代入式(3.11)，最大功率表示为

$$P_{max}=\frac{\alpha(T_h-T_c)^{n+1}n^n}{2^n(T_h+T_c)(n+1)^n} \tag{3.13}$$

将式(3.12)代入式(3.7)并结合式(3.9)，最大功率时的效率为

$$\eta_{maxP}=1-\frac{T_c+x^*}{T_h-x^*}=1-\frac{\left[(n+2)\dfrac{T_c}{T_h}+n\right]}{\left[(n+2)+n\dfrac{T_c}{T_h}\right]} \tag{3.14}$$

我们令 $\xi=x/x^*$，则有

$$1+\delta P=\frac{P}{P_{max}}=\frac{x^n(T_h-T_c-2x)}{x^{*n}(T_h-T_c-2x^*)}=\xi^n[(n+1)-n\xi] \tag{3.15}$$

为了保证热机能够正常工作，其功率需要满足 $P\geqslant 0$，这样就可以确定参数 ξ 的范围。P/P_{max} 与 ξ 的函数关系如图 3.2 所示。可以看出，当 $n=1$ 时，P/P_{max}-ξ 关系曲线是抛物线且关于 $\xi=1$ 对称；热机能够正常工作时，$\xi\in[0,2]$。当 $n=5/4$ 时，P/P_{max}-ξ 的曲线是非抛物线型；热机能够正常工作时，$\xi\in[0,1.8]$。P/P_{max}-ξ 曲线的差异源于不同的传热规律。进一步有

$$1+\delta\eta=\frac{\eta}{\eta_{maxP}}=\frac{P/Q_{hc}}{P_{max}/Q_{hc}^*}=\frac{P}{P_{max}}\frac{\alpha x^{*n}t_h}{\alpha x^n t_h}=\xi^{2n}[(n+1)-n\xi] \tag{3.16}$$

联立式(3.14)和式(3.16)，热机以任意功率输出时的效率为

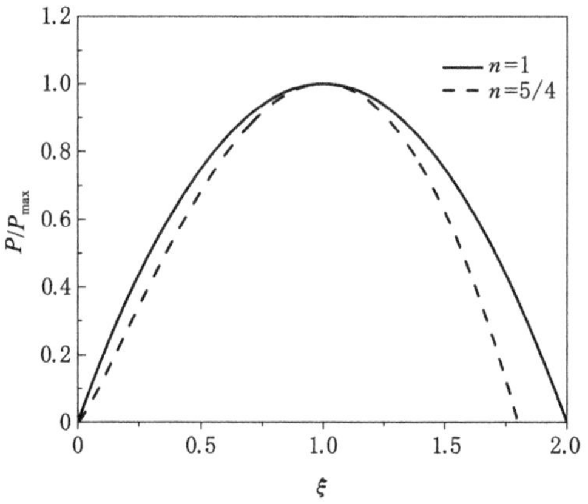

图 3.2　$P/P_{\max}$与 ξ 的关系曲线

$$\eta=\eta_{\max P}\xi^{2n}[(n+1)-n\xi]=\left\{1-\frac{\left[(n+2)\dfrac{T_c}{T_h}+n\right]}{\left[(n+2)+n\dfrac{T_c}{T_h}\right]}\right\}\xi^{2n}[(n+1)-n\xi] \tag{3.17}$$

理解热机以任意功率工作时的关键是建立效率与功率增益的关系。根据式(3.15)功率增益因子 δP 与 ξ 的关系为

$$n\xi^{n+1}-(n+1)\xi^{n}+1+\delta P=0 \tag{3.18}$$

当 $n=1$ 时(即满足线性传热规律),可以得到式(3.18)的两个解析解(两个分支)

$$\xi_1=1-\sqrt{-\delta P},\xi_1\in[0,1] \tag{3.19}$$

$$\xi_2=1+\sqrt{-\delta P},\xi_2\in[1,2] \tag{3.20}$$

当 $n=5/4$ 时(即满足线性传热规律),解析求解方程(3.18)是非常困难的。利用数值计算,可以给出方程(3.18)的两个数值解(两个分支),这里假设数值解可以写为

$$\xi_1=F_1(\delta P),\xi_1\in[0,1] \tag{3.21}$$

$$\xi_2=F_2(\delta P),\xi_2\in[1,1.8] \tag{3.22}$$

将式(3.19)～式(3.22)代入式(3.17),任意功率时的效率(η)与功率增益因子(δP)的关系可以被确立,这为进一步认识热机以有限功率输出时的性能提供了有力工具。

3.3 计算结果与讨论

现在，我们阐释一下具有线性和非线性传热过程的热机在任意功率时的特性。约化效率 $\eta/\eta_{\max P}$ 与 ξ 的关系如图 3.3 所示，与曲线（图 3.2）不同的是曲线的对称性消失了。线性（对应的传热指数 $n=1$）与非线性（对应的传热指数 $n=5/4$）传热过程的曲线均具有随着 ξ 的变化呈先增加然后减小的变化特征，而且存在最大效率点。随着传热指数 n 的增加，非线性传热热机的工作区域明显减小（图 3.3 虚线），但其最大值略有增加且左移。而且两种传热过程的约化效率曲线除了零点和部分重合点外，当 $\xi<1$ 和 $\xi>1.36$ 时，线性传热过程 $\eta/\eta_{\max P}$ 数值较大；在区间 $1<\xi<1.36$ 内，非线性传热过程的 $\eta/\eta_{\max P}$ 数值较大。

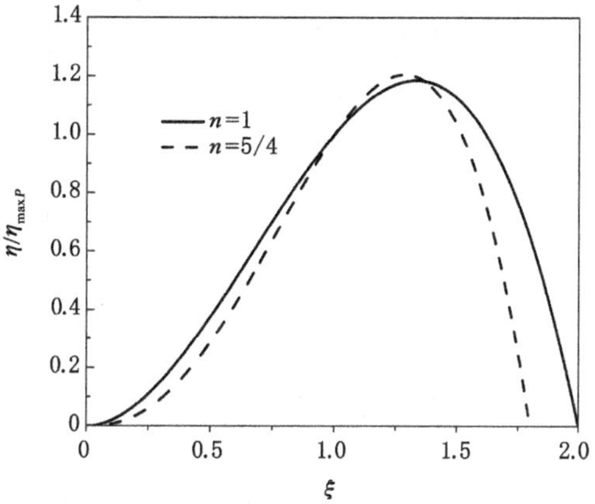

图 3.3　$\eta/\eta_{\max P}$ 与 ξ 的关系曲线

为了进一步研究任意功率输出时热机的效率，认识 ξ 与功率增益 δP 的关系是非常重要的。第二部分给出了两种传热过程条件下 ξ 与功率增益 δP 的关系[式(3.19)～式(3.22)]，基于这些函数关系式，图 3.4 给出了 ξ 随着 δP 的变化特征曲线。两种传热过程条件下 ξ-δP 的特征曲线均包括两个分支：热机工作在第 1 分支（也称不利分支）上时，当 x 相对于 x^* 减小时，功率的减小伴随着效率的降低；热机操作在第 2 分支（也称有利分支）上时，当 x 相对于 x^* 增加时，功率的增加伴随着效率的增强，甚至大于最大功率时的效率 $\eta_{\max P}$，参见图 3.2 和图 3.3。非线性传热过程的 ξ-δP 特征曲线包含在线性传热过程的 ξ-δP 特征曲线之中。基于式(3.17)并结合关系式(3.19)～式(3.22)，图 3.5 和图 3.6 分别给出了线性和非线性传热情况下热机效率 η 作为温度比（T_c/T_h）和功率增益

(δP)函数的等高线图。从图 3.5(a)和图 3.6(a)可以看出,对于 ξ 取第 1 分支时,η 随着 T_c/T_h 或者 $|\delta P|$ 的增加单调减少;当 ξ 取第 2 分支时,η 随着 T_c/T_h 增加而减小,而随着 $|\delta P|$ 的增加先达到最大值,然后逐渐减小甚至消失。值得注意的是,虽然两种传热过程热机效率的等高曲线是相似的,但是线性传热热机工作区域大于非线性传热热机的工作区域。线性传热过程仅由热传导支配工质和热源之间的热交换,而非线性传热过程还包含热辐射过程,这导致热机工作时的不可逆程度和热损失增加。因此,热机工作在非线性传热过程时,工作区域以及效率会相应减小。

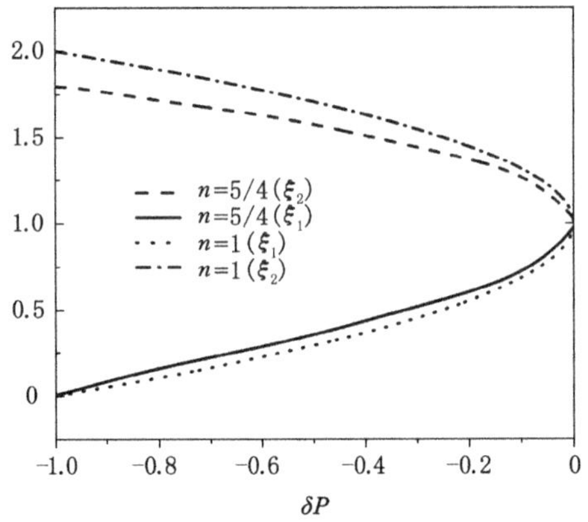

图 3.4　ξ 与 δP 的关系曲线

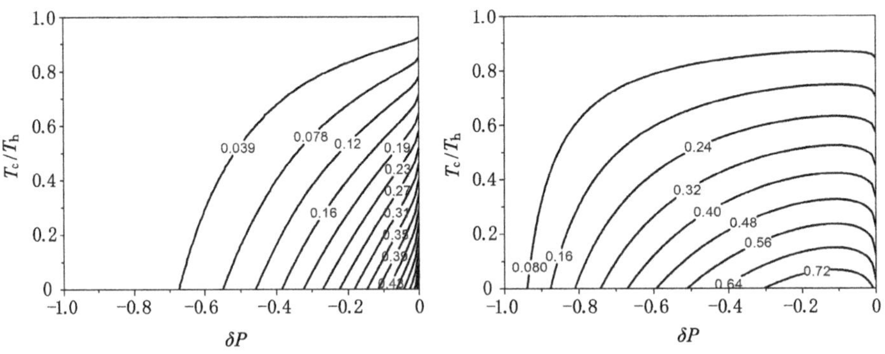

(a) ξ取第1分支　　(b) ξ取第2分支

图 3.5　线性传热情况下效率 η 作为 T_c/T_h 和函数 δP 的等高线图

为了进一步阐释不同传热过程对于热机效率的影响,在固定 $T_c/T_h=0.5$

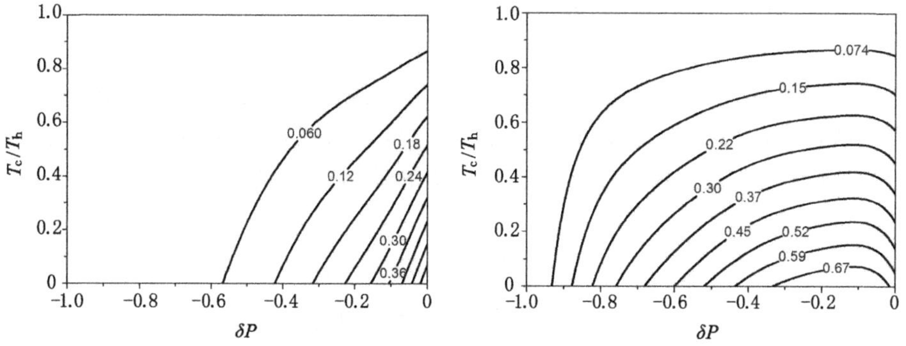

(a) ξ取第1分支　　(b) ξ取第2分支

图 3.6　非线性传热情况下效率 η 作为 T_c/T_h 和函数 δP 的等高线图

的情况下，图 3.7 给出了两种传热条件下任意功率时的效率 η 与功率增益 δP 的关系曲线。从图 3.7 可以看出，无论是线性或者非线性传热过程，η 均是 δP 的双值函数，这是 ξ-δP 特征曲线的两分支结构在效率 η 与功率增益 δP 关系曲线中的反映。发现 η-δP 的曲线是闭合的"环"状结构，除了重合之处外，线性传热过程的效率大于非线性传热过程的效率，这是因为较复杂的非线性传热过程引起热损耗增加。进一步发现，ξ 的第 2 分支（虚线）上的效率值明显大于第 1 分支（实线）上的效率，因为热机工作在有利分支上时，能实现更大效率的输出。另外，η 随着 δP 变化的最大值出现在 $|\delta P|$ 较小的值附近而不是 $\delta P=0$ 处，即热机以比最大功率稍小的功率输出时能够获得最大效率。这意味着热机工作性能曲线存在着权衡工作点，在该点附近工作的热机能实现最有效的热功转换。从应用角度来看，这些结果为如何优化热机的执行提供了有效途径。

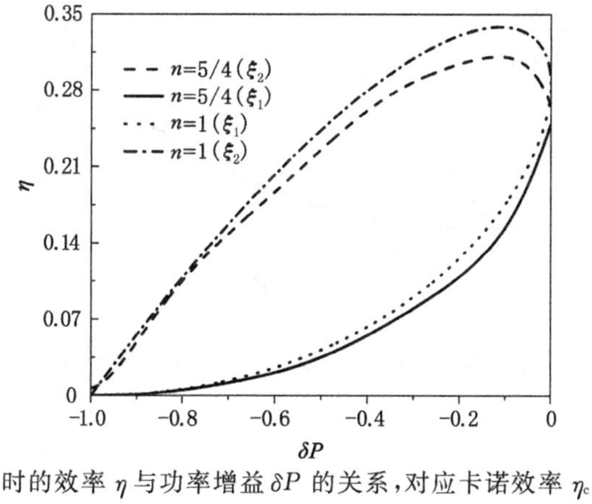

图 3.7　任意功率时的效率 η 与功率增益 δP 的关系，对应卡诺效率 $\eta_c=1-T_c/T_h=0.5$

最后，根据方程(3.16)，效率增益 $\delta\eta$ 表示为

$$\delta\eta=\xi^{2n}[(n+1)-n\xi]-1 \tag{3.23}$$

式(3.19)～式(3.22)提供了线性与非线性传热情况下 ξ 与功率增益 δP 的公式。结合式(3.23)与式(3.19)～式(3.22)，可以获得 $\delta\eta$-δP 的关系曲线。对于线性传热过程，分别对应于 ξ 第 1 分支和第 2 分支的功率增益与效率增益的关系为

$$\delta\eta_1=(1-\sqrt{-\delta P})(1+\delta P)-1,\xi_1\in[0,1] \tag{3.24}$$

$$\delta\eta_2=(1+\sqrt{-\delta P})(1+\delta P)-1,\xi_2\in[1,2] \tag{3.25}$$

而对于非线性传热过程，分别对应于第 1 分支[式(3.21)]和第 2 分支[式(3.22)]的 $\delta\eta$-δP 的关系为

$$\delta\eta_1=\xi_1^{5/4}\left(\frac{9}{4}-\frac{5}{4}\xi_1\right)-1,\xi_1\in[0,1] \tag{3.26}$$

$$\delta\eta_2=\xi_2^{5/4}\left(\frac{9}{4}-\frac{5}{4}\xi_2\right)-1,\xi_2\in[1,1.8] \tag{3.27}$$

基于式(3.24)～式(3.27)，图 3.8 给出了效率增益 $\delta\eta$ 与功率增益 δP 的关系曲线。从图 3.8 可以看出，两种传热情况下的 $\delta\eta-\delta P$ 曲线均为"环"形状的闭合曲线，在第 1 分支上曲线几乎重合(黑实线和点虚线所示)，而在第 2 分支上线性和非线性传热过程的 $\delta\eta-\delta P$ 曲线略有差别(黑虚线和点虚线所示)，这种微小的差异源于不同传热过程对于热机工作的影响。

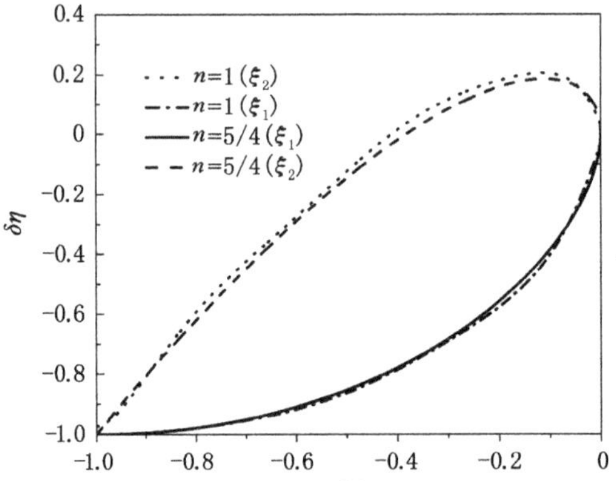

图 3.8　效率增益 $\delta\eta$ 与功率增益 δP 的关系(对应卡诺效率 $\eta_c=1-T_c/T_h=0.5$)

3.4 研究结论

热机性能的优化对于工程实践和国民经济的可持续发展有着重要意义。实际热机在工作过程中输出最大功率时其效率并非最大，而以略小于最大功率输出时能够获得最大效率。本章基于一个简化的 CA 热机模型，分析了热机工作过程中不同的传热过程对于热机性能的影响。基于两个引入的参数：功率增益和效率增益，并且结合分比合比定理，给出了线性和非线性传热过程热机的最大功率、最大功率时的效率以及任意功率时效率的普遍公式。进一步发现参数 ξ 作为功率增益 δP 的函数存在两个分支。

在此基础上，本章详细地给出了不同传热过程的热机在任意功率输出时的效率与系统参数的关系，发现含非线性传热过程的热机的工作区域小于线性传热过程的热机，这主要因为非线性传热过程存在着热辐射，而且随着传热指数的增加，$\eta/\eta_{\max P}$ 的最大值略有增加且左移。任意功率时效率 η 作为 T_c/T_h 和 δP 函数的等高线图表明：对应于 ξ-δP 的第 1 分支，随着 T_c/T_h 和 $|\delta P|$ 增加呈现出单调减少的趋势；对应于 ξ-δP 的第 2 分支，η 随着 T_c/T_h 增加而单调变化，但 η 随着 $|\delta P|$ 的增加呈现出非单调特征，在 T_c/T_h 与 $|\delta P|$ 均较小的区域存在效率最大值。非线性传热过程的热机的执行区域略有减小，这主要源于非线性传热过程的复杂性。

两种传热过程热机的 η-δP 的曲线具有闭合“环”状特征，当 $|\delta P|\to 0$ 和 $|\delta P|\to 1$ 时，热机的 η-δP 的曲线存在一定的重叠，而在其他区域，传热指数较小(线性传热过程)的热机效率大于传热指数较大(非线性传热过程)的热机效率；在热机以比最大功率稍小的功率输出工作时，可以实现最大效率的执行；这表明热机实现最佳性能工作时存在着权衡工作点。另外，两种传热过程的热机效率增益和功率增益的关系曲线也呈现出闭合“环”形状，在 ξ-δP 的第 2 分支上略有差别。本章的研究结果不仅能够帮助我们深入理解不同传热过程如何影响实际热机的性能，而且对优化受控于不同传热过程实际热机也是有价值的。

附录　合比分比定理

在这个附录里，我们对正文中用到的合比分比定理给予简要介绍。假设

$$\frac{a}{b}=\frac{u}{v} \tag{1}$$

其中，$a\neq b$，$b\neq 0$ 和 $v\neq 0$。在式(1)的两边同时加上 1，可得

$$\frac{a+b}{b}=\frac{u+v}{v} \tag{2}$$

令式(1)的两边同时减去1,得到如下等式

$$\frac{a-b}{b}=\frac{u-v}{v} \tag{3}$$

令式(3)除以式(2),可得

$$\frac{a-b}{a+b}=\frac{u-v}{u+v} \tag{4}$$

这个等式还可以写为

$$\frac{a-b}{u-v}=\frac{a+b}{u+v} \tag{5}$$

方程(4)就是著名的合比分比定理,在正文推导式(3.10)的过程中,我们用到了此定理。

参考文献

[1] CURZON F L, AHLBORN B. Efficiency of a Carnot engine at maximum power output[J]. American Journal of Physics, 1975, 43(1):22-24.

[2] VAUDREY A, LANZETTA F, FEIDT M H B. Reitlinger and the origins of the efficiency at maximum powerformula for heat engines[J]. Journal of Non-Equilibrium Thermodynamics, 2014, 39(4):199-203.

[3] ANDRESEN B. Current trends in finite-time thermodynamics[J]. Angewandte Chemie International Edition, 2011, 50(12):2690-2704.

[4] 马宇翰,董辉,孙昌璞. 能造出功率和效率都高的热机吗?:有限时间热力学的发展与展望[J]. 物理,2021,50(1):1-9.

[5] VAN DEN BROECK C. Thermodynamic efficiency at maximum power[J]. Physical Review Letters, 2005, 95(19):190602.

[6] ANGULO-BROWN F, PÁEZ-HERNÁNDEZ R. Endoreversible thermal cycle with a nonlinear heat transfer law[J]. Journal of Applied Physics, 1993, 74(4):2216-2219.

[7] HULEIHIL M, ANDRESEN B. Convective heat transfer law for an endoreversible engine[J]. Journal of Applied Physics, 2006, 100(1):014911.

[8] CHEN L G, SUN F R, WU C. Effect of heat transfer law on the performance of a generalized irreversible Carnot engine[J]. Journal of Physics D: Applied Physics, 1999, 32(2):99-105.

[9] ZHOU S B, CHEN L G, SUN F R, et al. Optimal performance of a

generalized irreversible Carnot-engine[J]. Applied Energy, 2005, 81 (4):376-387.

[10] CHEN L G, LI J, SUN F R. Generalized irreversible heat-engine experiencing a complex heat-transfer law[J]. Applied Energy, 2008, 85(1):52-60.

[11] CHEN L G, SUN F R, WU C. Optimal configuration of a two-heat-reservoir heat-engine with heat-leak and finite thermal-capacity[J]. Applied Energy, 2006, 83(2):71-81.

[12] CHENG X T, WANG W H, LIANG X G. Optimization of heat transfer and heat-work conversion based on generalized heat transfer law[J]. Science China Technological Sciences, 2012, 55(10): 2847-2855.

[13] ARIAS-HERNÁNDEZ L A, DE PARGA G A, ANGULO-BROWN F. On some nonendoreversible engine models with nonlinear heat transfer laws[J]. Open Systems & Information Dynamics, 2003, 10 (4):351-375.

[14] LI J, CHEN L G, SUN F R. Optimal configuration of a class of endoreversible heat-engines for maximum power-output with linear phenomenological heat-transfer law[J]. Applied Energy, 2007, 84 (9):944-957.

[15] SHU L W, CHEN L G, SUN F R. The minimum heat consumption for heat-driven binary separation processes with linear phenomenological heat transfer law[J]. Science in China Series B: Chemistry, 2009, 52(8):1154-1163.

[16] CHIMAL-EGUÍA J C, BARRANCO-JIMÉNEZ M A, ANGULO-BROWN F. Stability analysis of an endoreversible heat engine with Stefan-Boltzmann heat transfer law working in maximum-power-like regime[J]. Open Systems & Information Dynamics, 2006, 13(1): 43-53.

[17] WHITNEY R S. Most efficient quantum thermoelectric at finite power output[J]. Physical Review Letters, 2014, 112(13):130601.

[18] WHITNEY R S. Finding the quantum thermoelectric with maximal efficiency and minimal entropy production at given power output[J]. Physical Review B, 2015, 91(11):115425.

[19] HOLUBEC V, RYABOV A. Maximum efficiency of low-dissipation heat engines at arbitrary power[J]. Journal of Statistical Mechanics: Theory and Experiment, 2016, 2016(7): 073204.

[20] LONG R, LIU W. Efficiency and its bounds of minimally nonlinear irreversible heat engines at arbitrary power[J]. Physical Review E, 2016, 94: 052114.

[21] RYABOV A, HOLUBEC V. Maximum efficiency of steady-state heat engines at arbitrary power[J]. Physical Review E, 2016, 93(5): 050101(R).

[22] AGRAWAL D C. A simplified version of the curzon-ahlborn engine [J]. European Journal of Physics, 2009, 30(5): 1173-1179.

[23] PÁEZ-HERNÁNDEZ R T, PORTILLO-DÍAZ P, LADINO-LUNA D, et al. An analytical study of the endoreversible Curzon-Ahlborn cycle for a non-linear heat transfer law [J]. Journal of Non Equilibrium Thermodynamics, 2016, 41(1): 32.

第 4 章　非线性低耗散热器件的有限时间热力学:权衡优化分析

4.1　研究背景

自从热机被设计和发明以来,由于热机可以作为重要动力源,其性能的提高和优化得到了特别的重视和持续关注。许多研究致力于热机的性能优化,但是卡诺定理对工作在两个热源[温度为 T_c 与 $T_h(T_c<T_h)$]之间的热机效率给出了热力学限制,即热机的效率均小于卡诺效率 $\eta_c=1-T_c/T_h=1-\beta_c$。然而,卡诺热机的实用性是有限的,这主要由于卡诺热机的工作过程是可逆的,这导致卡诺热机具有零功率输出。众所周知,实际热机通常在一个有限的时间内完成一个循环过程,并且以非零的功率输出。因此,有很多研究尝试填补实际热机和理想卡诺热机之间的间隙。源于 Curzon 和 Ahlborn 的开拓性工作[1],有限时间热力学作为不可逆热力学的一个全新分支,它提供了研究实际热机工作过程的一个有力工具。从 1975 年起,学者们对有限时间条件下实际热机性能的优化进行了大量研究,这极大地促进了有限时间热力学的发展[2-8]。

2005 年,Van den Broeck[9] 证明了有限时间热力学和线性不可逆热力学之间的关系。随后,Esposito 等提出了一种低耗散(low-dissipation,简称 LD)卡诺热机模型,这个模型不含内可逆的假设[10],该模型假定在两个等温过程中由工作物质从热(冷)源吸收(放出)的热量为

$$Q_h=T_h\left(\Delta S-\frac{\Sigma_h}{t_h}\right), \tag{4.1}$$

$$Q_c=T_c\left(\Delta S+\frac{\Sigma_c}{t_c}\right), \tag{4.2}$$

式中,$\Delta S(>0)$表示在等温过程期间工作物质的可逆熵变;Σ_c 和 Σ_h 是正常数,并且包含了在等温过程中的耗散信息;t_h 与 t_c 是两个等温接触对应的持续时间。在对称耗散条件下($\Sigma_h=\Sigma_c$),LD 热机模型效率可以恢复到 Curzon-Ahlborn(CA)效率($\eta_{CA}=1-\sqrt{\beta_c}$)[10]。此外,LD 热机模型可以扩展到制冷机,并且 LD 制冷机在最大品质因数下的制冷系数已被得到,即 $\varepsilon_{CA}=1/\sqrt{1-\beta_c}-1$[11,12]。此外,利用扩

展的昂萨格关系描述低耗散热机模型已经被建议[13,14]。Sheng 等提出了一种通用的耗散热机模型来优化热机的品质因数，这个工作主要解决了紧耦合热机流与力之间的非线性本构关系[15]。

然而，值得注意的是，大多数研究主要聚焦于 LD 热机模型在线性耗散情况下的热力学优化，即不可逆熵产生正比于持续时间的倒数。对于真实热机的不可逆熵产生的非线性项不给予考虑。这个工作的目的是基于 Sheng 等的工作和 LD 模型热机来研究非线性低耗散热器件（包括热机和制冷机）的性能优化[15]。我们基于无量纲分析提出了非线性低耗散热机（非线性低耗散制冷机）的输出功率和效率（输入功率和制冷系数）的无量纲公式，对非线性低耗散热器件进行了权衡优化分析，并详细阐述了权衡优化条件下非线性低耗散热器件的特征。

4.2 物理模型和研究方法

在这一部分，我们主要给出非线性耗散热机和非线性耗散制冷机在权衡优化条件下的理论基础。

4.2.1 非线性低耗散热机和权衡优化

考虑一个类卡诺热机执行有限时间的循环过程，热机的工作流体（工质）经历两个等温和两个绝热过程。假设绝热过程是瞬时的，一定量的热 Q_h（Q_c）从（到）热（冷）源被吸收（释放）可表示为

$$Q_h = T_h(\Delta S - W_h^{ir}), \tag{4.3}$$

$$Q_c = T_c(\Delta S + W_c^{ir}), \tag{4.4}$$

式中，W_h^{ir}（W_c^{ir}）表示在两个不可逆等温过程中的熵产生。假设不可逆熵产生为一个解析函数，W_h^{ir} 和 W_c^{ir} 可以写为

$$W_h^{ir} = \left[\frac{\Sigma_h}{t_h} + \chi_h \frac{\Sigma_h^2}{t_h^2} + \cdots + O\left(\frac{1}{t_h^n}\right) + \cdots\right] \tag{4.5}$$

$$W_c^{ir} = \left[\frac{\Sigma_c}{t_c} + \chi_c \frac{\Sigma_c^2}{t_c^2} + \cdots + O\left(\frac{1}{t_c^n}\right) + \cdots\right] \tag{4.6}$$

式中，Σ_h 和 Σ_c 是包含不可逆信息的耗散系数；系数 $\chi_{h(c)}$ 仅依赖于详细的等温过程，或者等于一些与特定过程无关的常数。在参考文献[15]中，作者发现循环热机存在着一个隐藏的对称性。在宇称-时间（parity-time，简称 PT）变换下，热机与其两个热源之间的热交换是双向的。也就是说，宇称变换可以改变与热源相关的符号（即下标为 h 和 c 的热力学量），并且时间反演变换改变时间的符号。

PT 变换可以表示为 $PTQ_h=Q_c$ 和 $PTQ_c=Q_h$。一旦将 PT 变换应用于式(4.3)～式(4.6)，就可得到 $\chi_h=-\chi_c=-1/\Delta S$。考虑一阶项，我们可以根据式(4.5)和式(4.6)获得低耗散模型[10]。通过将式(4.5)和式(4.6)分别代入式(4.3)和式(4.4)，通过取 W_h^{ir} 和 W_c^{ir} 的二阶项获得非线性耗散热机的表达式

$$Q_h=T_h\left(\Delta S-\frac{\Sigma_h}{t_h}+\frac{1}{\Delta S}\frac{\Sigma_h^2}{t_h^2}\right) \tag{4.7}$$

$$Q_c=T_c\left(\Delta S+\frac{\Sigma_c}{t_c}+\frac{1}{\Delta S}\frac{\Sigma_c^2}{t_c^2}\right) \tag{4.8}$$

我们把式(4.7)和式(4.8)描写的模型称为非线性低耗散热机模型，这是因为低耗散模型和线性不可逆热力学之间的等价关系被 Izumida 等证实了[13,14]。在非线性耗散类卡诺模型下，一个循环周期时间由下式给出 $t=t_h+t_c$，可以定义参数 $\delta=t_c/t$ 和 $t_h/t=1-\delta$ 作为工质分别与冷源和热源的分数接触时间。总耗散参数定义为 $\Sigma=\Sigma_h+\Sigma_c$，进一步给出了耗散系数之间的关系 $\sigma_c=\Sigma_c/\Sigma$ 和 $\widetilde{\Sigma}_h=\Sigma_h/\Sigma=1-\sigma_c$。$\Delta S$ 与等温过程中的热交换相关，并且被认为是非线性低耗散的尺寸量度。另外，$\Sigma/\Delta S$ 具有时间量纲，无量纲时间 $\tilde{t}$ 被定义为 $\tilde{t}=(t\Delta S)/\Sigma$。根据上述定义，无量纲的热交换表达式可以写为

$$\widetilde{Q}_h=\frac{Q_h}{T_c\Delta S}=\frac{1}{\beta_c}\left[1-\frac{(1-\sigma_c)\Sigma}{(1-\delta)t\Delta S}-\chi_h\frac{(1-\sigma_c)^2\Sigma^2}{(1-\delta)^2t^2\Delta S}\right] \tag{4.9}$$

$$\widetilde{Q}_c=\frac{Q_c}{T_c\Delta S}=\left[1+\frac{\sigma_c}{\delta t}+\chi_c\frac{\sigma_c^2\Sigma^2}{\delta^2t^2\Delta S}\right] \tag{4.10}$$

此外，非线性低耗散热机和两个热源之间的无量纲热流分别由下式给出

$$\dot{\widetilde{Q}}_h=\frac{\widetilde{Q}_h}{\tilde{t}}=\frac{1}{\beta_c}\left[1-\frac{(1-\sigma_c)}{(1-\delta)\tilde{t}}+\frac{(1-\sigma_c)^2}{(1-\delta)^2\tilde{t}^2}\right]\frac{1}{\tilde{t}} \tag{4.11}$$

$$\dot{\widetilde{Q}}_c=\frac{\widetilde{Q}_c}{\tilde{t}}=\frac{1}{\tilde{t}}\left[1+\frac{\sigma_c}{\delta\tilde{t}}+\frac{\sigma_c^2}{\delta^2\tilde{t}^2}\right] \tag{4.12}$$

因此，无量纲输出功率 $\widetilde{P}$ 表示为

$$P=\dot{\widetilde{Q}}_h-\dot{\widetilde{Q}}_c \tag{4.13}$$

相应的热效率可以写为

$$\eta=\frac{P}{\dot{\widetilde{Q}}_h}=1-\frac{\dot{\widetilde{Q}}_c}{\dot{\widetilde{Q}}_h} \tag{4.14}$$

为了理解非线性低耗散热机的运行机制，我们接下来将分析其性能优化。基于熵产生最小化原理和辐射能方法的优化手段虽然可以提高热机性能，但缺乏一般性，因为它们只适用于一些特定的热设备[6]。与上述传统优化方法相比，权衡优化方法(即所谓的 Ω 判据)更易于应用于任何能量转换过程，而不考虑环

境因素和计算熵产生[7,12,16,17]，它代表了能量增益和损失之间的折中原则。因此，这里使用权衡优化方法分析热机性能。就权衡判据而言，品质因数 $\dot{\Omega}$ 的函数表示为

$$\dot{\Omega}=\frac{(2-\eta_C)\widetilde{Q}_h-2\widetilde{Q}_c}{\tilde{t}}=(2-\eta_C)\dot{\widetilde{Q}}_h-2\dot{\widetilde{Q}}_c \tag{4.15}$$

通过 $\dot{\Omega}$ 对 $\tilde{t}$ 的求导，并令 $\partial\dot{\Omega}/\partial\tilde{t}=0$，可得

$$\tilde{t}^*=-\frac{\sqrt{\dfrac{(1-\sigma_c)^2a(6-2a)}{(1-\delta)^2}+\dfrac{4a\sigma_c(1-\sigma_c)}{\delta(1-\delta)}+\dfrac{\sigma_c^2}{\delta^2}(6a-8)}+\left[\dfrac{a(1-\sigma_c)}{(1-\delta)}+2\dfrac{\sigma_c}{\delta}\right]}{2-a} \tag{4.16}$$

其中 $a=(2-\eta_c)/(1-\eta_c)$。将式(4.16)代入式(4.13)和式(4.14)中，可得权衡优化判据条件下的功率和效率的一般表达式

$$P_\Omega=\frac{1}{\tilde{t}^*}\left[\frac{1}{\beta_c}-\frac{(1-\sigma_c)}{(1-\delta)\tilde{t}^*\beta_c}+\frac{(1-\sigma_c)^2}{(1-\delta)^2(\tilde{t}^*)^2\beta_c}-1-\frac{\sigma_c}{\delta\tilde{t}^*}-\frac{\sigma_c^2}{\delta^2(\tilde{t}^*)^2}\right] \tag{4.17}$$

$$\eta_\Omega=1-\frac{\left[1+\dfrac{\sigma_c}{\delta\tilde{t}^*}+\dfrac{\sigma_c^2}{\delta^2(\tilde{t}^*)^2}\right]\beta_c}{\left[1-\dfrac{(1-\sigma_c)}{(1-\delta)\tilde{t}^*}+\dfrac{(1-\sigma_c)^2}{(1-\delta)^2(\tilde{t}^*)^2}\right]} \tag{4.18}$$

4.2.2 非线性耗散型制冷机和权衡优化

下面，我们介绍非线性低耗散制冷机，并给出在权衡判据下的输入功率和制冷系数。参考描述非线性低耗散热机时的情况，非线性低耗散制冷机的物理模型可以描述为

$$Q_h=T_h\left(\Delta S+\frac{\Sigma_h}{t_h}+\frac{1}{\Delta S}\frac{\Sigma_h^2}{t_h^2}\right) \tag{4.19}$$

$$Q_c=T_c\left(\Delta S-\frac{\Sigma_c}{t_c}+\frac{1}{\Delta S}\frac{\Sigma_c^2}{t_c^2}\right) \tag{4.20}$$

式中，$Q_c(Q_h)$分别表示从(到)冷(热)源吸收(放出)的热量。类似地，无量纲热流的表达式可以由下式给出

$$\widetilde{Q}_h=\frac{Q_h}{T_c\Delta S\tilde{t}}=\frac{1}{\beta_c}\left[1+\frac{(1-\sigma_c)}{(1-\delta)\tilde{t}}+\frac{(1-\sigma_c)^2}{(1-\delta)^2\tilde{t}^2}\right]\frac{1}{\tilde{t}} \tag{4.21}$$

$$\dot{\widetilde{Q}}_c=\frac{Q_c}{T_c\Delta S\tilde{t}}=\left[1-\frac{\sigma_c}{\delta\tilde{t}}+\frac{\sigma_c^2}{\delta^2\tilde{t}^2}\right]\frac{1}{\tilde{t}} \tag{4.22}$$

式中，$t=t_h+t_c$ 是一个循环周期的时间；$\delta=t_c/t$ 和 $t_h/t=1-\delta$ 分别为与冷源和热源的分数接触时间；$\Sigma=\Sigma_h+\Sigma_c$ 是总耗散参数，相对耗散系数由 $\sigma_c=\Sigma_c/\Sigma$ 和

$\widetilde{\Sigma}_h=\Sigma_h/\Sigma=1-\sigma_c$ 给出；ΔS 与非线性低耗散制冷机的尺度相关联；由于 $\Sigma/\Delta S$ 具有时间单位，无量纲时间 $\tilde{t}$ 可表示为 $\tilde{t}=(\tau\Delta S)/\Sigma$。权衡优化判据下，$\dot{\Omega}$ 表示为

$$\dot{\Omega}=\frac{(2\varepsilon-\varepsilon_c)(\widetilde{Q}_h-\widetilde{Q}_c)}{\tilde{t}}=(2+\varepsilon_c)\dot{\widetilde{Q}}_c-\varepsilon_c\dot{\widetilde{Q}}_h \tag{4.23}$$

通过求 $\dot{\Omega}$ 对 $\tilde{t}$ 的导数并令等式 $d\dot{\Omega}/d\tilde{t}=0$，可以得到如下表达式

$$\tilde{t}^2-\left[\frac{2(1-\sigma_c)}{(1-\delta)(1+\varepsilon_c)}+\frac{2(2+\varepsilon_c)\sigma_c}{\delta}\right]\tilde{t}+\left[\frac{3(2+\varepsilon_c)\sigma_c^2}{\delta^2}-\frac{3(1-\sigma_c)^2}{(1-\delta)^2(1+\varepsilon_c)}\right]=0 \tag{4.24}$$

选择式(4.24)的正根作为最优化时间，于是最优值由下式给出：

$$\tilde{t}^*=\frac{(1+\varepsilon_c)(1-\sigma_c)}{(1-\delta)}+\frac{(2+\varepsilon_c)\sigma_c}{\delta}+\sqrt{a_1+a_2+a_3} \tag{4.25}$$

其中

$$a_1=\frac{(4+\varepsilon_c)(1+\varepsilon_c)(1-\sigma_c)^2}{(1-\delta)^2} \tag{4.26}$$

$$a_2=\frac{(2+\varepsilon_c)(\varepsilon_c-1)\sigma_c^2}{\delta^2} \tag{4.27}$$

$$a_3=\frac{2(1+\varepsilon_c)(2+\varepsilon_c)\sigma_c(1-\sigma_c)}{\delta(1-\delta)} \tag{4.28}$$

根据一般制冷机的输入功率和制冷系数的定义有

$$P=\dot{\widetilde{Q}}_h-\dot{\widetilde{Q}}_c \tag{4.29}$$

$$\varepsilon=\frac{\dot{\widetilde{Q}}_c}{\dot{\widetilde{Q}}_h-\dot{\widetilde{Q}}_c} \tag{4.30}$$

据式(4.21)、式(4.22)、式(4.29)和式(4.30)，非线性低耗散制冷机的输入功率和在权衡优化下的制冷系数可以表示为

$$P_\Omega=\frac{1}{\tilde{t}^*}\left[\frac{1}{\beta_c}+\frac{(1-\sigma_c)}{(1-\delta)\tilde{t}^*\beta_c}+\frac{(1-\sigma_c)^2}{(1-\delta)^2(\tilde{t}^*)^2\beta_c}-1+\frac{\sigma_c}{\delta\tilde{t}^*}-\frac{\sigma_c^2}{\delta^2(\tilde{t}^*)^2}\right] \tag{4.31}$$

$$\varepsilon_\Omega=\frac{\left[1-\frac{\sigma_c}{\delta\tilde{t}^*}+\frac{\sigma_c^2}{\delta^2(\tilde{t}^*)^2}\right]\beta_c}{\left[1+\frac{(1+\sigma_c)}{(1-\delta)\tilde{t}^*}+\frac{(1-\sigma_c)^2}{(1-\delta)^2(\tilde{t}^*)^2}\right]-\left[1-\frac{\sigma_c}{\delta\tilde{t}^*}+\frac{\sigma_c^2}{\delta^2(\tilde{t}^*)^2}\right]\beta_c} \tag{4.32}$$

4.3　数值计算结果与讨论

接下来，这个部分将详细讨论权衡优化条件下的非线性耗散型热机特性。

4.3.1 非线性耗散热机

耗散强度和循环时间是影响热机性能的两个关键因素。因此，我们主要关注这两个参数对热机性能的影响。

在相对耗散值 σ_c 取不同值情况下，图 4.1(a)描述了优化效率 η_Ω 与接触时间参数 δ 的函数关系。可以看出 η_Ω 与 δ 的依赖关系表现出非单调行为，即随着 δ 的增加，η_Ω 先增加然后减小。

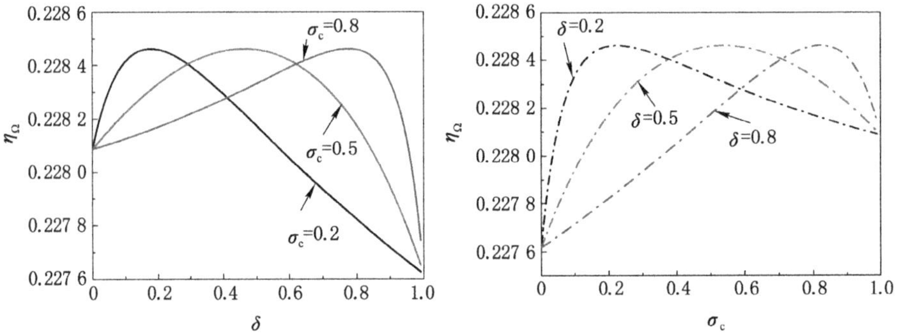

(a) σ_c取不同值时，优化效率η_Ω与δ的关系

(b) δ取不同值时，优化效率η_Ω与σ_c的关系

图 4.1 η_Ω 与 δ 和 σ_c 的关系(卡诺效率 $\eta_c=0.3$)

当 σ_c 增加时，注意到 η_Ω 的最大值向右移动并且位于 $\delta=\sigma_c$ 附近，这是典型的“共振”优化行为。然而，η_Ω 的三个最大值相等。当 $\delta=\sigma_c$ 时，

$$\bar{t}^* = -\frac{1}{(2-a)}\left[\sqrt{-2a^2+16a-8}+a+2\right]$$

与 δ 和 σ_c 无关，$\bar{t}^*$ 仅取决于 η_c，这导致出现三个相同的最大值 η_Ω。类似的特征呈现在图 4-1(b)所示的 η_Ω 与 σ_c 的曲线中。此外，$\sigma_c(\delta)$的增强导致达到优化效率的过程长度增加，如图 4-1(a)、(b)所示。

为了证明在权衡判据下输出功率 P_Ω 与 δ 和 σ_c 的依赖关系，一个 P_Ω 的三维图及其横截面如图 4.2 所示。可以清楚地看到 P_Ω 的三维图表现出的“马鞍”形状[图 4.2(a)]。此外，P_Ω 相对于 δ 的相关横截面对于不同的 σ_c 显示出非对称性质，只有当发生对称耗散(即 $\Sigma_h=\Sigma_c$)时，P_Ω 的曲线才显示出关于 $\delta=\sigma_c=0.5$ 的对称行为，如图 4.2(b)所示。当 δ 偏离对称时，P_Ω 对 σ_c 的曲线显示单调递减(增加)趋势。当 $\delta=0.5$ 时，P_Ω 保持稳定值，与耗散比 σ_c 无关[图 4.2(c)]。

为了进一步研究权衡优化判据下的优化特征，我们还利用权衡优化方法研

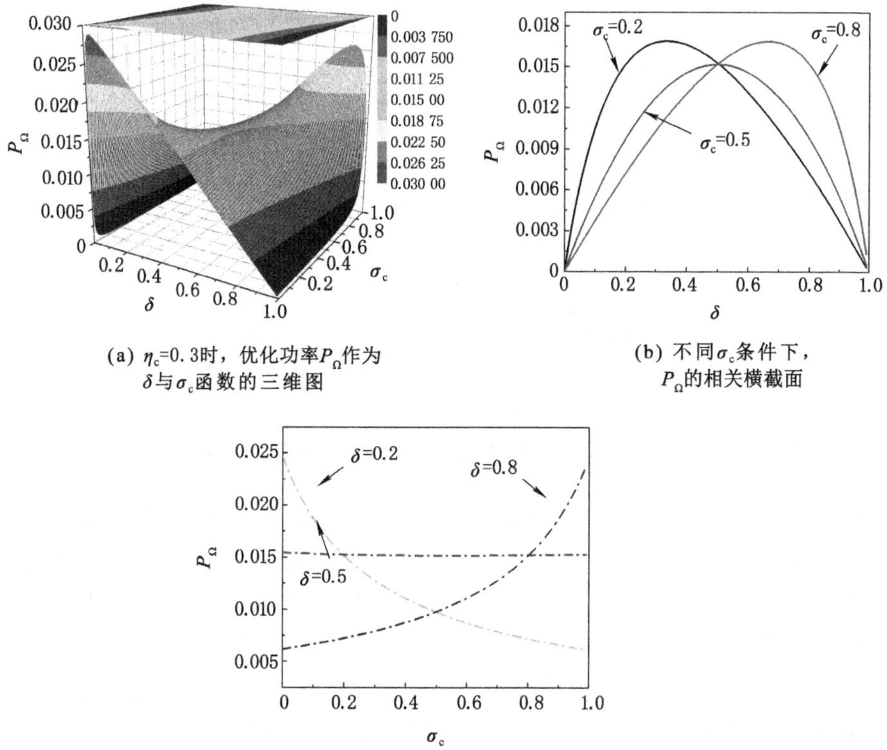

(a) η_c=0.3时，优化功率P_Ω作为δ与σ_c函数的三维图

(b) 不同σ_c条件下，P_Ω的相关横截面

(c) 不同δ条件下，P_Ω的相关横截面

图 4.2　P_Ω 与 δ 和 σ_c 的关系

究了低耗散热机[4]，并比较了不同热机的优化效率，如图 4.3 所示。在低卡诺效率值 η_c 条件下，三种效率几乎相同；对于相对较大的 η_c 取值，η_Ω 小于 $\eta_{L\Omega}$ 和 η_{CA}。特别地，当 η_c 趋近于 1 时，η_Ω 消失了。由于卡诺热机极限效率值是非常理想的，并且对于实际热机的设计也是无意义的，非线性低耗散热机模型可以反映实际热机的一些重要内容。在最大范围 η_c 取值内，一个有趣的结果是在权衡优化条件下的非线性低耗散热机的效率 η_Ω 大于在权衡优化条件下的 LD 模型的效率 $\eta_{L\Omega}$[4,11]。这个结果意味着忽略高阶耗散项的 LD 热机模型可能失去一些重要信息，这表明非线性低耗散热机模型在再现热机的性能方面是一个有益的尝试。

4.3.2　非线性低耗散制冷机

现在我们来讨论在权衡优化条件下非线性低耗散制冷机的优化特征。优化

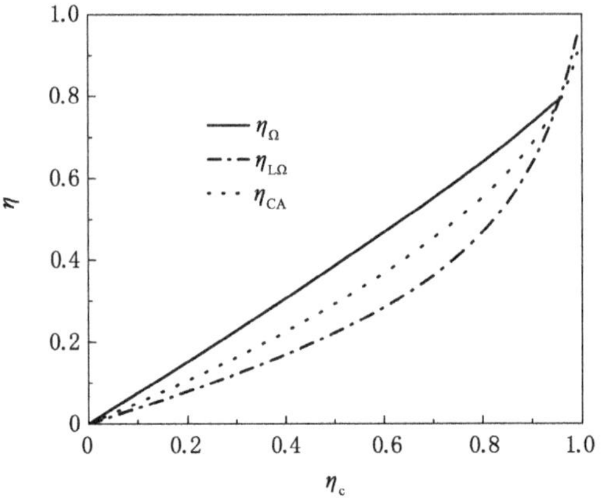

图 4.3　η_Ω、$\eta_{L\Omega}$ 和 η_{CA} 与卡诺效率 η_c 的关系(其他参数是 $\delta=0.2$ 与 $\sigma_c=0.5$)

制冷系数(用 COP 表示)的倒数(ε_Ω^{-1})的性能曲线和优化输入功率(P_Ω)作为 δ 或 σ_c 的函数如图 4.4 和图 4.5 所示。从图中可以看出,ε_Ω^{-1} 对 $\delta(\sigma_c)$ 的曲线表现出非单调变化,即 ε_Ω^{-1} 首先下降然后增加,并且 ε_Ω^{-1} 存在极值。但与非线性低耗散热机的情况相比[图 4.4(a)和图 4.5(a)],所谓的共振最优现象不明显。此外,我们还注意到,非线性低耗散制冷机的优化功率与非线性低耗散热机的最优功率相似,一些差异源自两种热装置的不同工作过程,如图 4.4(b)和图 4.5(b)所示。

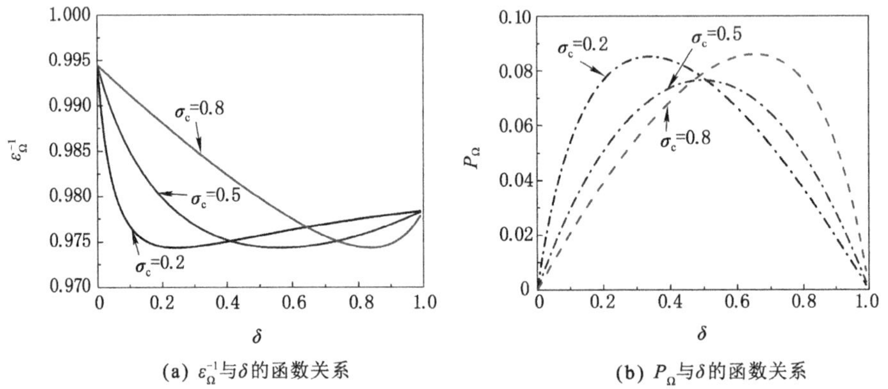

图 4.4　$\varepsilon_c=1.5$、σ_c 取不同值时,ε_Ω^{-1} 和 P_Ω 与 δ 的函数关系

优化输入功率 P_Ω 与 δ 和 σ_c 的依赖关系被展示在图 4.6 中。当 ε_c 取固定值时,P_Ω 逐渐减小,甚至随着 δ 的增加而消失。在接触时间取极限时:即 $\delta\rightarrow 0$ 和

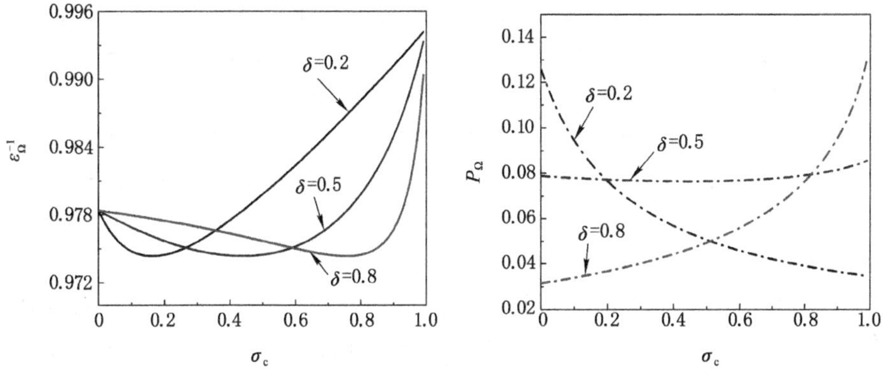

(a) $\varepsilon_{\Omega}^{-1}$与$\sigma_c$的函数关系　　(b) P_{Ω}与σ_c的函数关系

图 4.5　$\varepsilon_c=1.5$、δ 取不同值时,$\varepsilon_{\Omega}^{-1}$ 和 P_{Ω} 与 σ_c 的函数关系

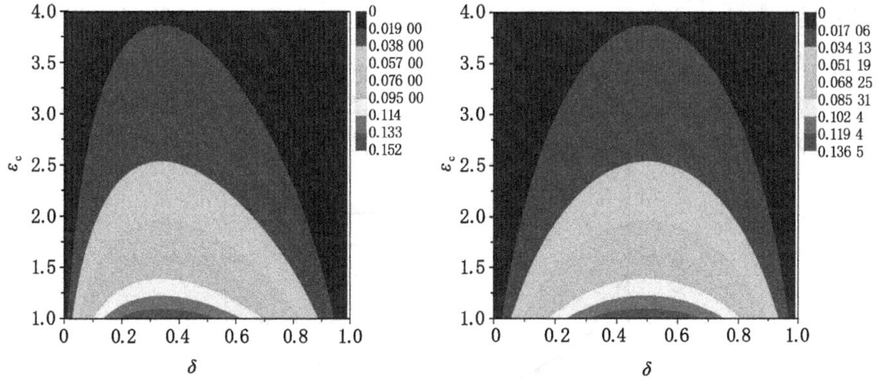

(a) σ_c=0.2　　(b) σ_c=0.5

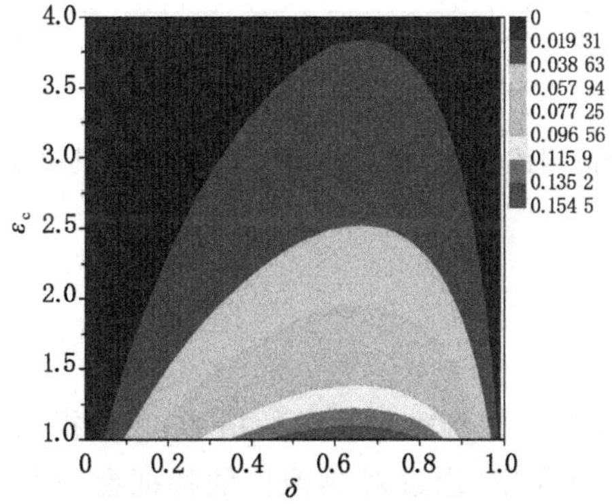

(c) σ_c=0.8

图 4.6　优化的输入功率 P_{Ω} 作为 δ 和 ε_c 函数的云图

$\delta \to 1$，我们注意到 P_Ω 总是为零，这意味着制冷机在强非对称条件下不能满足实际制冷机的要求。有趣的现象是 $\delta=0.5$ 时，对于不对称耗散情况（$\sigma_c=0.2$）和（$\sigma_c=0.8$），P_Ω 的云图是非对称的；但是当对称耗散满足时，P_Ω 表现出相对于 $\delta=\sigma_c=0.5$ 对称特征。这表明工作物质的对称弛豫时间以及对称耗散协同地确定了输入功率（或输出功率）的对称特性，如图 4.4(b)、图 4.5(b)和图 4.6(b)（或图 4.2）所示。P_Ω 作为 σ 和 ε_c 函数的几何性质可以帮助我们优化非线性低耗散制冷机的性能。

最后，我们给出了几种不同制冷模型的 COP，如图 4.7 所示。在对称耗散条件下，一般 CA 制冷机可以通过 LD 卡诺制冷机获得[11,12]，CA 制冷机的 COP 是 $\varepsilon_{CA}=1/\sqrt{1-\beta_c}-1$。可以清楚地看到，三个 COP 的倒数随着 ε_c 单调递减。相比之下，我们可以观察到 ε_{CA} 在整个区域中最小，并且对于 $1\leqslant\varepsilon_c\leqslant 2$，$\varepsilon_\Omega$ 和 ε_{LD} 之间的数值存在差异，但这两个 COP 对于 $\varepsilon_c\geqslant 2$ 是一致的。在非线性低耗散制冷机和 LD 制冷机之间的 COP 的微小差异是由于非线性低耗散制冷机中存在着非线性耗散项。

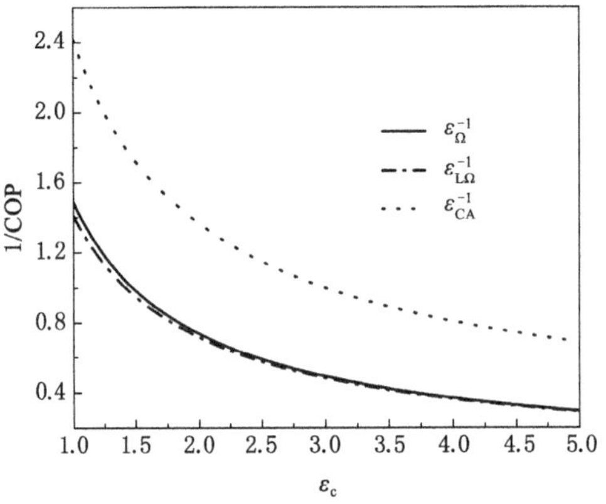

图 4.7　不同制冷系数的倒数作为卡诺制冷系数 ε_c 的函数（其中 $\delta=0.2$ 和 $\sigma_c=0.5$）

4.4　研究结论

总之，基于将 LD 模型扩展到高阶耗散的情形，我们提出了非线性低耗散热机和非线性低耗散制冷机模型，通过对热器件的特征参数和量纲分析得到了两个非线性低耗散热器件的无量纲表达式。根据权衡优化判据，对非线性低耗散热器件的热力学优化进行了详细分析。对于非线性低耗散热机，优化效率作为接触时间(δ)和相对耗散系数(σ_c)函数表现出非单调演化特征。优化效率在 $\delta=\sigma_c$ 出现了共振优化，并且输出功率的对称性或不对称性明显依赖 δ 和 σ_c。非线性低耗散热机的优化效率大于 CA 值和 LD 热机在权衡判据标准下的值，这反映了非线性低耗散热机模型可能具有 LD 模型所忽略的一些非常重要的信息。对于非线性低耗散制冷机而言，非线性低耗散热机上的一些论述也适用于非线性低耗散制冷机，但 1/COP 对 ε_c 的曲线显示双曲线样性质，非线性低耗散制冷机和 LD 制冷机之间的 COP 的微弱差异揭示了不可逆性和非线性耗散如何影响非线性低耗散制冷机的性能。

此外，CA 效率是基于线性热传递定律(即傅立叶定律)[1]获得的，一阶耗散型 LD 模型和具有线性热传递过程的 CA 热机的等价性已被证明。当考虑高阶耗散(非线性耗散)情况时，非线性低耗散热机(或非线性低耗散制冷机)的模型可以对应于具有非线性热传递定律的热循环过程，例如具有 Dulong-Petit 热传递定律或辐射热传递定律[18,19]。这些结果可能对设计和操作实际热器件有重要意义。

参考文献

[1] CURZON F L, AHLBORN B. Efficiency of a Carnot engine at maximum power output[J]. American Journal of Physics, 1975, 43 (1):22-24.

[2] BERRY R S, KAZAKOV V A, SIENIUTYCZ S, et al. Thermodynamics optimization of finite time processes[J]. Chemical Engineering Journal, 2001,81(1-3):340-341.

[3] DE CISNEROS B J, ARIAS-HERNÁNDEZ L A, HERNÁNDEZ A C. Linear irreversible thermodynamics and coefficient of performance[J]. Physical Review E,2006,73(5):057103.

[4] CALVO HERNÁNDEZ A, MEDINA A, ROCO J M. Time, entropy generation, and optimization in low-dissipation heat devices[J]. New Journal of Physics,2015,17(7):075011.

[5] IZUMIDA Y, OKUDA K, ROCO J M M, et al. Heat devices in nonlinear irreversible thermodynamics[J]. Physical Review E,2015,91 (5):052140.

[6] WU C, CHEN L G, CHEN J. Recent advances in finite time thermodynamics[M]. New York:Nova Science,1999.

[7] LONG R, LIU W. Unified trade-off optimization for general heat

devices with nonisothermal processes[J]. Physical Review E, 2015, 91 (4): 042127.

[8] YAN H, GUO H. Efficiency and its bounds for thermal engines at maximum power using Newton's law of cooling[J]. Physical Review E, 2012, 85: 011146.

[9] VAN DEN BROECK C. Thermodynamic efficiency at maximum power [J]. Physical Review Letters, 2005, 95(19): 190602.

[10] ESPOSITO M, KAWAI R, LINDENBERG K, et al. Efficiency at maximum power of low-dissipation Carnot engines [J]. Physical Review Letters, 2010, 105(15): 150603.

[11] DE TOMÁS C, HERNÁNDEZ A C, ROCO J M. Optimal low symmetric dissipation Carnot engines and refrigerators[J]. Physical Review E, 2012, 85(1): 010104.

[12] DE TOMAS C, ROCO J M M, HERNÁNDEZ A C, et al. Low-dissipation heat devices: unified trade-off optimization and bounds [J]. Physical Review E, 2013, 87: 012105.

[13] IZUMIDA Y, OKUDA K. Efficiency at maximum power of minimally nonlinear irreversible heat engines[J]. EPL (Europhysics Letters), 2012, 97(1): 10004.

[14] IZUMIDA Y, OKUDA K, CALVO HERNÁNDEZ A, et al. Coefficient of performance under optimized figure of merit in minimally nonlinear irreversible refrigerator[J]. EPL (Europhysics Letters), 2013, 101(1): 10005.

[15] SHENG S Q, TU Z C. Hidden symmetries and nonlinear constitutive relations for tight-coupling heat engines[J]. New Journal of Physics, 2015, 17(4): 045013.

[16] HERNÁNDEZ A C, MEDINA A, ROCO J M M, et al. Unified optimization criterion for energy converters[J]. Physical Review E, 2001, 63(3): 037102.

[17] LONG R, LIU Z C, LIU W. Performance optimization of minimally nonlinear irreversible heat engines and refrigerators under a trade-off figure of merit[J]. Physical Review E, 2014, 89(6): 062119.

[18] ZHOU S B, CHEN L G, SUN F R, et al. Optimal performance of a generalized irreversible Carnot-engine[J]. Applied Energy, 2005, 81

(4):376-387.

[19] ANGULO-BROWN F, PÁEZ-HERNÁNDEZ R. Endoreversible thermal cycle with a nonlinear heat transfer law[J]. 1993,74(4):2216-2219.

第 5 章　权衡优化判据下化学机的热力学：低耗散与内可逆模型

5.1　研究背景

在经典热力学中，任何工作在两个热源之间的热机的效率(η)均受到卡诺效率(η_c)的限制，即 $\eta \leqslant \eta_c = 1 - T_c/T_h$，其中 T_h 和 T_c 分别是高低温热源的温度。然而，卡诺机缺乏实用价值，主要是因为卡诺机(包括热机和制冷机)的工作过程是可逆的准静态过程，这导致卡诺机的输出(输入)功率为零。基于内可逆假设，Curzon 和 Ahlborn 得到了一个不可逆卡诺热机在最大功率时的效率[1]，即所谓的 CA 效率 $\eta_{CA} = 1 - \sqrt{T_c/T_h}$。随后，大量的研究开始聚焦于实际热机的热力学性能研究，这促使了一个新的学科——有限时间热力学的诞生和发展[2-6]。此外，在线性不可逆热力学的框架下，CA 效率的普适性被 Van den Broeck 给予了证明[7]。很自然地，人们就把有限时间热力学的研究方法推广至内可逆化学机的研究[8-12]。作为传统热机的对应物，化学机利用化学势之差产生输出功，化学机中的化学势差和质量输运分别扮演着热机中的温度差和热流的角色。与传统的热力学循环相比较，化学机的研究可以揭示一些新的物理内容。Gordon 等探索了内可逆化学机的性能特征[13]，他们给出的一些有意义的结果适用于其他的能量转换装置。Chen 等提出了一个低耗散化学机模型，这个模型的功率和效率之间的内在关系以及一些热力学性能特征被详细揭示了[14]。人们发现作为工质的粒子尺度在影响热机的性能方面起着重要作用[15]。在低耗散极限下，热机与化学机之间的相似性表明低耗散模型对于深入理解不可逆化学机的普遍特征是非常有帮助的[16]。

随着不可再生能源的日益消耗和对节能的持续性关注，实际热机力学设备的性能优化也已成为一个重要课题。为了能够找到理想的方法进而提高热设备的性能，一些优化方法(或称优化判据)被相继提出了，主要包括最大功率时的效率、品质因素的优化、生态判据、权衡优化判据等[17-23]。值得注意的是，一些优化方法已被应用于化学机的热力学性能优化，而且一些特殊的热力学行为得以实现[24-28]。最近的研究详细讨论了等温内可逆化学机热经济优化，揭示了不同优化方法下的热力学特征[29]。Gonzalez-Ayala 等发现,根据最大品质因子方法可以从低耗散热机模型得到内可逆热机的热力学特征[30]。后续研究重点比较了低耗散和内可逆模型的热力学特性[31-33]。事实上,不论是化学机还是热机都不会同时以最大功率和最大效率工作的。于是,寻找功率和效率的折中优化方法是非常有意义的。其中,权衡优化方法就能够在能量收益和损失之间建立一个最佳的折中原则,该方法已被应用在大量热力学设备的性能优化上[21-23,34-37]。

然而,在权衡判据下,针对化学机的低耗散模型和内可逆模型的全面研究仍然是匮乏的。因此,对化学机在权衡判据下的热力学行为进行深入且有价值的分析显得尤为必要。本章主要研究了权衡优化判据下等温化学机的两个模型的优化特征。通过对这两个模型的异同点进行深入分析,揭示了一系列具有重要意义的结论。这些研究结果对深入理解优化条件下化学机的热力学行为提供了新的研究视角。

5.2　不可逆化学机模型

在这一部分,我们首先介绍两个化学机的物理模型,然后给出描述化学机热力学特征的两个重要物理量(即功率和效率)的表达式。

5.2.1　低耗散模型

我们考虑的一个等温化学机工作于两个具有不同化学势的库之间,如图 5.1(a)所示。其中,两个库的化学势分别为 μ_H 和 μ_L,且 $\mu_H > \mu_L$。U_1 和 U_2 分别表示化学机从高化学势库(μ_H)吸收的能量和化学机向低化学势库(μ_L)释放的能量。W 为一个循环周期向外界的输出功。U_1 和 U_2 的表达式为

$$U_1 = \mu_H \Delta N_1 \left(1 - \frac{\sigma_H}{t_H}\right) \tag{5.1}$$

$$U_2 = \mu_L \Delta N_2 \left(1 + \frac{\sigma_L}{t_L}\right) \tag{5.2}$$

式中,t_H 和 t_L 分别表示化学机与高低化学势库的接触时间,这里我们不考虑两个绝热过程,这样绝热过程也不伴有物质转移;参数 σ_H 和 σ_L 含有不可逆过程的耗散信息;ΔN_1 和 ΔN_2 是对应接触时间 t_H 和 t_L 的物质转移,考虑物质守恒可知,$\Delta N_1 = \Delta N_2 = \Delta N$。于是,功率和效率分别表示为

$$P = \frac{W}{t_H + t_L} = \frac{\left[(\mu_H - \mu_L) - \left(\frac{\mu_H \sigma_H}{t_H} + \frac{\mu_L \sigma_L}{t_L}\right)\right]\Delta N}{t_H + t_L} \tag{5.3}$$

$$\eta = 1 - \frac{W}{U_1} = 1 - \frac{U_2}{U_1} = 1 - \frac{\mu_L\left(1 + \frac{\sigma_L}{t_L}\right)}{\mu_H\left(1 - \frac{\sigma_H}{t_H}\right)} \tag{5.4}$$

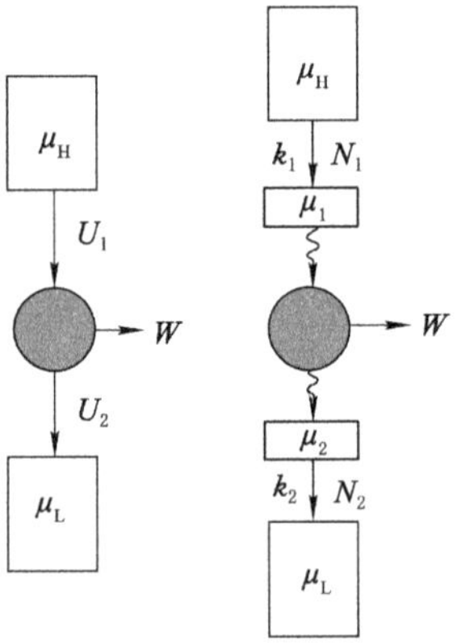

(a) 伴随传质过程的低耗散模型　　(b) 伴有线性质量传递的内可逆模型

图 5.1　化学机示意图

5.2.2　内可逆模型

一个伴有线性质量转移规律的等温化学机的模型如图 5.1(b)所示。基于内可逆假设的等温化学机，其质量转移的表达式为

$$N_1 = k_1 t_1 (\mu_H - \mu_1) \tag{5.5}$$

$$N_2 = k_2 t_2 (\mu_2 - \mu_L) \tag{5.6}$$

式中，μ_H 和 μ_L 是两个质量库的化学势；k_1 和 k_2 是质量转移系数；μ_1 和 μ_2 是化学机内部的化学势；t_1 和 t_2 是发生质量转移的持续时间，我们忽略了不发生质量转移的时间。根据质量守恒，则有 $N_1 = N_2 = N$。基于以上的描述，内可逆化学机的功率和效率表示为

$$\bar{P} = \frac{W}{t_1 + t_2} = \frac{(\mu_1 - \mu_2)N}{t_1 + t_2} \tag{5.7}$$

$$\bar{\eta} = 1 - \frac{\mu_2}{\mu_1} \tag{5.8}$$

5.3　研究结果与讨论

由于权衡优化能够在功率输出域能量耗散之间建立起折中原则,因此用这种判据揭示两种化学机的热力学性能。

5.3.1　权衡优化下的低耗散化学机

权衡优化的目标函数 Ω 为

$$\Omega=(2\eta-\eta_{\max})\dot{U}_1 \tag{5.9}$$

借助于式(5.4),Ω 还可以进一步表示为

$$\Omega=2P-P_{\max}=2(\dot{U}_1-\dot{U}_2)-\eta_r\dot{U}_1=\frac{2(U_1-U_2)-\eta_r U_1}{t_H+t_L} \tag{5.10}$$

这里我们取 $\eta_{\max}=\eta_r$,$\eta_r=1-\mu_L/\mu_H$ 为可逆化学机的卡诺效率。为方便起见,我们令 $X_H=1/t_H$ 和 $X_L=1/t_L$,于是式(5.10)可以重新表示为

$$\Omega=[2(U_1-U_2)-\eta_r U_1]\frac{X_H X_L}{X_H+X_L} \tag{5.11}$$

利用$\partial\Omega/\partial X_H=0$ 和$\partial\Omega/\partial X_L=0$,我们可以得到

$$[2(U_1-U_2)-\eta_r U_1]\frac{X_H}{X_L}=2\mu_L\Delta N\sigma_L(X_H+X_L) \tag{5.12}$$

$$[2(U_1-U_2)-\eta_r U_1]\frac{X_L}{X_H}=(2-\eta_r)\mu_H\Delta N\sigma_H(X_H+X_L) \tag{5.13}$$

用式(5.13)除以式(5.12)并结合 $\eta_r=1-\mu_L/\mu_H$,可得

$$\frac{X_L}{X_H}=\sqrt{\frac{(2-\eta_r)\sigma_H}{2(1-\eta_r)\sigma_L}} \tag{5.14}$$

将式(5.13)和式(5.12)相加,并结合式(5.1)和式(5.2),则有

$$\eta_r=2(2-\eta_r)\sigma_H X_H+4(1-\eta_r)\sigma_L X_L \tag{5.15}$$

联立式(5.14)和式(5.15),我们有

$$X_H^*=\frac{\eta_r}{2[(2-\eta_r)\sigma_H+\sqrt{2(2-\eta_r)(1-\eta_r)\sigma_H\sigma_L}]} \tag{5.16}$$

$$X_L^*=\frac{\eta_r}{2[(2-\eta_r)\sigma_L+\sqrt{2(2-\eta_r)(1-\eta_r)\sigma_H\sigma_L}]} \tag{5.17}$$

将式(5.14)、式(5.16)和式(5.17)代入式(5.4),可得权衡优化条件下的效率为

$$\eta_\Omega=\frac{(3-2\eta_r+3\beta)\eta_r}{4-3\eta_r+4\beta} \tag{5.18}$$

其中,参数 β 的表达式为

$$\beta=\sqrt{\frac{(2-\eta_r)(1-\eta_r)\sigma_L}{2\sigma_H}} \tag{5.19}$$

根据式(5.18),我们很容易得到优化效率的上下限

$$\eta_\Omega^- \leqslant \eta_\Omega \leqslant \eta_\Omega^+ \tag{5.20}$$

其中,当 $\sigma_L/\sigma_H \to 0$ 时,可得 $\eta_\Omega^+=(3-2\eta_r)/(4-3\eta_r)$;当 $\sigma_L/\sigma_H \to \infty$时,可得 $\eta_\Omega^-=3\eta_r/4$。如果考虑对称性耗散($\sigma_H=\sigma_L$)情形,优化效率可以表示为

$$\eta_\Omega^s=1-\sqrt{\frac{(2-\eta_r)(1-\eta_r)}{2}} \tag{5.21}$$

将 η_Ω^s 展开为泰勒级数

$$\eta_\Omega^s=\frac{3\eta_r}{4}+\frac{\eta_r^2}{32}+\frac{3\eta_r^3}{128}+\cdots \tag{5.22}$$

式(5.9)～式(5.12)的结果与低耗散热机在权衡优化下的结果相似[22]。在化学机中,与高低化学势库的接触耗散反映了质量转移过程中的不可逆特性,所以我们需要研究低耗散化学机的不可逆熵产生。这种不可逆熵产生源于两个质量转移过程,其表达式为

$$\Delta_{ir}S_H=\frac{\mu_H\Delta N\sigma_H}{Tt_H} \quad \Delta_{ir}S_L=\frac{\mu_L\Delta N\sigma_L}{Tt_L} \tag{5.23}$$

在权衡优化下,两个不可逆过程的耗散比为

$$\Sigma_\Omega=\frac{\Delta_{ir}S_H}{\Delta_{ir}S_L}=\sqrt{\frac{2\sigma_H}{\sigma_L(2-\eta_r)(1-\eta_r)}} \tag{5.24}$$

可见,Σ_Ω 依赖于 σ_H/σ_L 和 η_r。在对称性耗散下,耗散比 Σ_Ω 为

$$\Sigma_\Omega^s=\sqrt{\frac{2}{(2-\eta_r)(1-\eta_r)}} \tag{5.25}$$

此时的耗散比仅与 η_r 有关。下面,我们引入两个不可逆过程的平均熵产生率,即

$$\Delta_{ir}\dot{S}_H=\frac{\Delta_{ir}S_H}{t_H^*}=\frac{\mu_H\Delta N\sigma_H X_H^{*2}}{T} \quad \Delta_{ir}\dot{S}_L=\frac{\Delta_{ir}S_L}{t_L^*}=\frac{\mu_L\Delta N\sigma_L X_L^{*2}}{T} \tag{5.26}$$

于是,相应的耗散率比为

$$\Gamma_\Omega=\frac{\Delta_{ir}\dot{S}_H}{\Delta_{ir}\dot{S}_L}=\frac{2}{2-\eta_r} \tag{5.27}$$

值得注意的是,Γ_Ω 是一个与化学机耗散相关的普适结果。

5.3.2 权衡优化下的内可逆化学机

对于一个内可逆化学机而言,我们定义如下两个变量

$$x=\mu_H-\mu_1, y=\mu_2-\mu_L \tag{5.28}$$

于是,循环周期 τ 可以表示为

$$\tau=t_1+t_2=N(k_1x)^{-1}+N(k_2y)^{-1} \tag{5.29}$$

借助于 Ω 的定义以及式(5.7)和式(5.29),权衡判据函数 Ω 有如下形式

$$\Omega=2\bar{P}-\bar{P}_{\max}=\frac{[2(\mu_1-\mu_2)-\eta_r\mu_1]}{\tau}=\frac{[(\eta_r-2)x-2y+\eta_r\mu_H]}{(k_1x)^{-1}+(k_2y)^{-1}} \tag{5.30}$$

借助于$\partial\Omega/\partial x=0$ 和$\partial\Omega/\partial y=0$,可得

$$(2-\eta_r)[(k_1x)^{-1}+(k_2y)^{-1}]=[(\eta_r-2)x-2y+\eta_r\mu_H]\frac{1}{k_1x^2} \tag{5.31}$$

$$2[(k_1x)^{-1}+(k_2y)^{-1}]=[(\eta_r-2)x-2y+\eta_r\mu_H]\frac{1}{k_2y^2} \tag{5.32}$$

利用式(5.31)和式(5.32),x 与 y 之间的关系为

$$\frac{x}{y}=\sqrt{\frac{2k_2}{k_1(2-\eta_r)}} \tag{5.33}$$

再将式(5.33)代入式(5.31),可得

$$x^*=\frac{\mu_H\eta_r}{2\left[\sqrt{\frac{2k_2(2-\eta_r)}{k_1}}+2\right]} \tag{5.34}$$

$$y^*=\frac{\mu_H\eta_r}{2\left[\sqrt{\frac{2k_2(2-\eta_r)}{k_1}}+2\right]}\sqrt{\frac{2k_2}{k_1(2-\eta_r)}} \tag{5.35}$$

从式(5.8)、式(5.34)和式(5.35)可知,内可逆化学机的优化效率表示为

$$\Pi_\Omega=1-\frac{\mu_2^*}{\mu_1^*}=1-\frac{\mu_L+y^*}{\mu_H-x^*}=\frac{(3+2\alpha_1-\alpha_2)}{4+2\alpha_1-\alpha_2\eta_r}\eta_r \tag{5.36}$$

其中

$$\alpha_1=\sqrt{\frac{2k_2(2-\eta_r)}{k_1}},\alpha_2=\sqrt{\frac{2k_2}{k_1(2-\eta_r)}} \tag{5.37}$$

当考虑非对称极限 $k_2/k_1\to0$ 和 $k_2/k_1\to\infty$时,从式(5.36)可得

$$\Pi_\Omega^-\equiv\frac{3}{4}\eta_r\leqslant\Pi_\Omega\leqslant\frac{(3-2\eta_r)\eta_r}{4-3\eta_r}\equiv\Pi_\Omega^+ \tag{5.38}$$

当考虑对称条件($k_2/k_1=1$)时,优化效率可以写为

$$\Pi_\Omega^s=\frac{(3\sqrt{2}+3\sqrt{2-\eta_r}-2\sqrt{2}\,\eta_r)}{4\sqrt{2}+4\sqrt{2-\eta_r}-3\sqrt{2}\,\eta_r}\eta_r \tag{5.39}$$

Π_Ω^s 展开为级数形式为

$$\Pi_\Omega^s=\frac{3\eta_r}{4}+\frac{\eta_r^2}{32}+\frac{3\eta_r^3}{68}+\cdots \tag{5.40}$$

以下我们需要研究一下不可逆质量转移过程中的熵产生。化学机在与高低

化学势库接触过程中，权衡判据下的熵产生为

$$\Delta_{\text{ir}}\overline{S}_{\text{H}}=\frac{(\mu_{\text{H}}-\mu_{1})N}{T}=\frac{k_{1}x^{*3}}{TN} \tag{5.41}$$

$$\Delta_{\text{ir}}\overline{S}_{\text{L}}=\frac{(\mu_{2}-\mu_{\text{L}})N}{T}=\frac{k_{2}y^{*3}}{TN} \tag{5.42}$$

其中，T 为内可逆化学机的工作温度。两个不可逆过程的耗散比为

$$\Lambda_{\Omega}=\frac{\Delta_{\text{ir}}\overline{S}_{\text{H}}}{\Delta_{\text{ir}}\overline{S}_{\text{L}}}=\frac{k_{1}x^{*3}}{k_{2}y^{*3}}=\frac{2}{2-\eta_{\text{r}}}\sqrt{\frac{2k_{2}}{k_{1}(2-\eta_{\text{r}})}} \tag{5.43}$$

式(5.43)明确给出了 Λ_{Ω} 对 η_{r} 和 k_2/k_1 的依赖性关系。在对称耗散情况下，Λ_{Ω} 约化为

$$\Lambda_{\Omega}^{\text{s}}=\frac{2}{2-\eta_{\text{r}}}\sqrt{\frac{2}{(2-\eta_{\text{r}})}} \tag{5.44}$$

这意味此时的耗散比仅取决于 η_{r}。进一步，两个质量转移工程中的平均耗散率之比为

$$\Theta_{\Omega}=\frac{\Delta_{\text{ir}}\dot{\overline{S}}_{\text{H}}}{\Delta_{\text{ir}}\dot{\overline{S}}_{\text{L}}}=\frac{\Delta_{\text{ir}}\overline{S}_{\text{H}}/t_{1}^{*}}{\Delta_{\text{ir}}\overline{S}_{\text{L}}/t_{2}^{*}}=\frac{k_{1}x^{*3}}{k_{2}y^{*3}}=\frac{2}{2-\eta_{\text{r}}} \tag{5.45}$$

5.3.3 两种化学机的优化性能比较

下面，我们分析权衡判据下的两类化学机的区别与相似性，并且为深入理解化学机的热力学特征提供洞见。首先，虽然两个模型基于不同的假设，但是我们发现两个化学机模型的优化效率存在着相似性[式(5.18)和式(5.36)]，而且优化效率的束缚条件也是相似的[式(5.20)和式(5.38)]。然而，我们也注意到优化效率存在着本质上的区别[式(5.18)和式(5.36)]。在对称性耗散条件下，优化效率[式(5.21)和式(5.22)]以及效率的级数[式(5.39)和式(5.40)]展开存在着细微的差别。这种细微但是有价值的区别恰恰反映了两种化学机的不同物理方面。其次，由于不可逆过程的熵产生能够反映真实的热力学过程，所以需要比较一下熵产生。从式(5.24)、式(5.25)、式(5.43)和式(5.44)可以看出，两种化学机的耗散比在权衡判据下存在着一定的区别，这种区别主要根植于低耗散和内可逆模型的物理基础。最后，我们讨论一下熵产生率的特征。有意思的是，两个模型耗散率之比是相同的[式(5.27)和式(5.45)]。这种普适的等价性表明两个模型在平均意义上的一致性。基于以上比较，我们注意到一个明显的事实，即在低耗散模型中，化学势之差没有一定要小的内在要求。但在内可逆模型下，由于线性传质规律的约束，两个热库的化学势都很高，而它们之间的化学势差很小。

两种模型之间不同的物理假设导致了优化性能的细微差异,而两种模型内部又有一些相似之处。这些结果表明,有必要进一步探讨低耗散模型的适用范围。

5.4　研究结论

在这个工作中,我们研究了两种化学机模型(即低耗散模型和内可逆模型)在权衡准则下的性能特性。详细阐述了两种优化过程模型的异同,揭示了两种化学发动机在权衡优化下的一些有趣特征。两种化学机的优化效率有共同的束缚,但两种化学机模型的优化效率存在一定的差异。特别是在对称耗散下,两个优化效率的级数展开式表现出细微的差异,而 η_r 的一阶和二阶项则普适相等。此外,我们还发现两种化学机的耗散比有显著差异。但有趣的是,耗散率的比值是相等的。就其本质而言,两种化学机模型之间的相似性证明了线性不可逆热力学中的普遍等效性。但它们之间的确切差异源于不同的物理起源。这些研究结果为实际化学机的设计和优化提供了指导性原则。

参考文献

[1] CURZON F L, AHLBORN B. Efficiency of a Carnot engine at maximum power output[J]. American Journal of Physics, 1975, 43(1):22-24.

[2] VAUDREY A, LANZETTA F, FEIDT M H B. Reitlinger and the origins of the efficiency at maximum powerformula for heat engines[J]. Journal of Non-Equilibrium Thermodynamics, 2014, 39(4):199-203.

[3] ANDRESEN B. Current trends in finite-time thermodynamics[J]. Angewandte Chemie International Edition, 2011, 50(12):2690-2704.

[4] LEFF H S. Thermal efficiency at maximum work output: new results for old heat engines[J]. American Journal of Physics, 1987, 55(7):602-610.

[5] MIRONOVA V A, TSIRLIN A M, KAZAKOV V A, et al. Finite-time thermodynamics: exergy and optimization of time-constrained processes[J]. Journal of Applied Physics, 1994, 76(2):629-636.

[6] BERRY R S, KAZAKOV V A, SIENIUTYCZ S, et al. Thermodynamics optimization of finite time processes[J]. Chemical

Engineering Journal,2001,81(1-3):340-341.

[7] VAN DEN BROECK C. Thermodynamic efficiency at maximum power [J]. Physical Review Letters,2005,95(19):190602.

[8] DE VOS A. Endoreversible thermodynamics and chemical reactions [J]. The Journal of Physical Chemistry,1991,95(11):4534-4540.

[9] GORDON J. Maximum work from isothermal chemical engines[J]. Journal of Applied Physics,1993,73(8):8-11.

[10] BARRANCO M A, OCAMPO A, PACHECO J C, et al. Thermoeconomical analysis of an endoreversible chemical engine model with a diffusive transport law of particles[J]. Journal of Physics:Conference Series,2017,792:012097.

[11] ONDRECHEN M J,BERRY R S,ANDRESEN B. Thermodynamics in finite time:a chemically driven engine[J]. 1980,72(9):5118-5124.

[12] ARES DE PARGA-REGALADO A M. Optimal efficiencies of an isothermal endoreversible chemical engine[J]. European Journal of Physics,2023,44(3):035101.

[13] GORDON J M, ORLOV V N. Performance characteristics of endoreversible chemical engines[J]. Journal of Applied Physics, 1993,74(9):5303-5309.

[14] GUO J C,WANG Y,CHEN J C. General performance characteristics and parametric optimum bounds of irreversible chemical engines[J]. 2012,112(10):103504.

[15] HOOYBERGHS H,CLEUREN B,SALAZAR A,et al. Efficiency at maximum power of a chemical engine[J]. The Journal of Chemical Physics,2013,139(13):134111.

[16] GUO J C,WANG J Y,WANG Y,et al. Universal efficiency bounds of weak-dissipative thermodynamic cycles at the maximum power output[J]. Physical Review E,2013,87(1):012133.

[17] ESPOSITO M, KAWAI R, LINDENBERG K, et al. Efficiency at maximum power of low-dissipation Carnot engines[J]. Physical Review Letters,2010,105(15):150603.

[18] DE TOMÁS C, HERNÁNDEZ A C, ROCO J M. Optimal low symmetric dissipation Carnot engines and refrigerators[J]. Physical Review E: Statistical Nonlinear and Soft Matter Physics, 2012, 85

(1):010104.

[19] ANGULO-BROWN F. An ecological optimization criterion for finite-time heat engines[J]. 1991,69(11):7465-7469.

[20] HERNÁNDEZ A C, MEDINA A, ROCO J M M, et al. Unified optimization criterion for energy converters[J]. Physical Review E, 2001,63(3):037102.

[21] SÁNCHEZ SALAS N, LÓPEZ PALACIOS L, VELASCO S, et al. Optimization criteria, bounds, and efficiencies of heat engines[J]. Physical Review E,2010,82(5):051101.

[22] DE TOMAS C, ROCO J M M, HERNÁNDEZ A C, et al. Low-dissipation heat devices: unified trade-off optimization and bounds [J]. Physical Review E,2013,87:012105.

[23] CALVO HERNÁNDEZ A, MEDINA A, ROCO J M. Time, entropy generation, and optimization in low-dissipation heat devices[J]. New Journal of Physics,2015,17(7):075011.

[24] XIA D, CHEN L G, SUN F R. Ecological optimisation of chemical engines with irreversible mass transfer and mass leakage[J]. Journal of the Energy Institute,2010,83(3):151-159.

[25] SIENIUTYCZ S. Analysis of power and entropy generation in a chemical engine [J]. International Journal of Heat and Mass Transfer,2008,51(25/26):5859-5871.

[26] SÁNCHEZ-SALAS N, CHIMAL-EGUÍA J C, RAMÍREZ-MORENO M A. Optimum performance for energy transfer in a chemical reaction system [J]. Physica A: Statistical Mechanics and Its Applications,2016,446:224-233.

[27] VAN DEN BROECK C. Efficiency at maximum power in the low-dissipation limit [J]. EPL (Europhysics Letters), 2013, 101 (1):10006.

[28] BARRANCO M A, OCAMPO A, PACHECO J C, et al. Thermoeconomical analysis of an endoreversible chemical engine model with a diffusive transport law of particles [J]. Journal of Physics: Conference Series,2017,792:012097.

[29] OCAMPO-GARCÍA A, BARRANCO-JIMÉNEZ M A, ANGULO-BROWN F. Thermodynamic and themoeconomic optimization of

isothermal endoreversible chemical engine models[J]. Physica A: Statistical Mechanics and Its Applications, 2017, 488: 149-161.

[30] GONZALEZ-AYALA J, CALVO HERNÁNDEZ A, ROCO J M M. Irreversible and endoreversible behaviors of the LD-model for heat devices: the role of the time constraints and symmetries on the performance at maximum figure of merit[J]. Journal of Statistical Mechanics: Theory and Experiment, 2016, 2016(7): 073202.

[31] JOHAL R S. Heat engines at optimal power: low-dissipation versus endoreversible model[J]. Physical Review E, 2017, 96(1): 012151.

[32] GONZALEZ-AYALA J, ROCO J, MEDINA A, et al. Carnot-like heat engines versus low-dissipation models[J]. Entropy, 2017, 19: 182.

[33] GONZALEZ-AYALA J, MEDINA A, ROCO J M, et al. Entropy generation and unified optimization of Carnot-like and low-dissipation refrigerators[J]. Physical Review E, 2018, 97: 022139.

[34] LONG R, LIU Z C, LIU W. Performance optimization of minimally nonlinear irreversible heat engines and refrigerators under a trade-off figure of merit[J]. Physical Review E, 2014, 89(6): 062119.

[35] ZHANG Y C, HUANG C K, LIN G X, et al. Universality of efficiency at unified trade-off optimization[J]. Physical Review E, 2016, 93(3): 032152.

[36] GONZALEZ-AYALA J, CALVO HERNÁNDEZ A, ROCO J M. From maximum power to a trade-off optimization of low-dissipation heat engines: influence of control parameters and the role of entropy generation[J]. Physical Review E, 2017, 95: 022131.

[37] LONG R, LIU W. Unified trade-off optimization for general heat devices with nonisothermal processes[J]. Physical Review E, 2015, 91(4): 042127.

第 6 章　时间反演对称性破坏的量子热机在给定功率下的性能优化

6.1　研究背景

随着材料科学和纳米技术的迅速发展，能源的高效利用已经成为关乎人类社会可持续发展的重大课题。在过去的 20 年里[1-4]，纳米器件的热电转换研究无论是从实际应用上还是在理论上都引起了人们广泛关注。正确理解基础热力学规律对纳米尺度热电器件效率的限制是一个非常有意义的课题[5-9]。然而，卡诺定理对于宏观尺度和微观尺度的热功转换效率给出了严格限制。因此，提升量子热电器件性能的研究已成为当前学术界广泛关注的热点课题。Esposito 和 Lindenberg 等的一项研究表明，将量子点嵌入在两个热库之间，该系统在最大功率时的效率与 CA 效率可以符合到二阶项[10]。进一步研究发现对于两端或者多端热电热机，不仅可实现热能向电能的转换，还能实现对热机性能的主动调控[11-13]。特别值得注意的是，当在量子体系中加入磁场时，由于加入磁场会破坏体系的时间反演对称性，所以量子体系就会出现一些特殊的性质。Benenti 等[14]基于线性不可逆热力学的研究表明：对于破坏时间反演对称性的热机来说，最大效率和最大功率输出情况下的效率都是由非对称参数和品质因数 ZT 决定的，同时 Benenti 等的研究证实了导致时间反演对称性破坏的磁场在一定程度上可以提高热电机效率。对于三端或者多端热机来说，由于加入磁场使其时间反演对称性被破坏，在线性不可逆热力学框架下可以得到昂萨格系数的新的束缚条件，为热机优化提供了新的优化方案[15-18]。此外，其他一些基于线性不可逆热力学的研究同样也表明唯象方法为分析热机性能提供了新的理论支撑[19-22]。

众所周知，理想可逆热机由于其输出功率为零而缺乏实用性。随后，对于实际热装置的优化促进了有限时间热力学的发展[23-27]。然而，我们注意到实际宏观热机或者纳米尺度的热电机的功率和效率无法同时达到最大值，相比之下，在功率略小于最大功率时可以获得更高的效率。因此，在给定功率情况下的热机优化至关重要，并且引起了人们的广泛关注。Whitney 的研究证实了量子热电系统的最大效率可以在最大输出功率附近实现[28]，这对于热机优化领域来说是一个非常重要的结果。Ryabov 和 Holubec 系统地研究了不可逆热机以及低耗散热机的优化特性，他们的研究也证实了不可逆热机的功率略小于最大功率时所对应的效率比不可逆热机工作在最大功率时对应的效率高[29-31]。最近，人们研究了在给定功率下的最小非线性不可逆热机的效率[32]，进一步揭示了实际热机在远离最大功率时的效率。尽管人们对不可逆热机进行了诸多研究，但目前对于在给定功率下，系统时间反演对称性破坏的不可逆纳米尺度热机的效率优化还不明确。本章基于线性响应理论，研究了时间反演对称性破坏条件下热电机的功率和给定功率下的效率，并且得到了给定功率下热机效率的一个新束缚条件，这是以往结果的一个直接推广。同时，我们阐述了时间反演对称性破坏条件下热电器件的一些整体性特征。

6.2 理论模型和公式

为了研究在给定功率下具有时间反演对称性破坏的不可逆纳米热电机的一些特有性质，我们首先给出相应的物理背景，然后推导出给定功率条件下热电机的效率公式，这为深入理解在给定功率条件下热电机热力学性能奠定了基础。我们选取三端量子热电机模型，如图 6.1 所示。散射区域分别与三个电极（相当于热库）连接，三个电极的温度分别为 T_L、T_P、T_R，化学势分别为 μ_L、μ_P、μ_R。外加磁场 B 作用于散射区域，导致时间反演对称性破坏。第三个电极（P）被用来模拟 Büttiker 探针。从而可以通过调整第三端的化学势和温度使得第三端与散射区域没有平均粒子流和热流的交换[22,33]。探针的作用除了使第三端没有粒子流和热流之外，还可以模拟非弹性散射过程。这样，第三端与散射区形成了中心区域 C。令第二个热库的温度和化学势为参考值 $T_R=T$，$\mu_R=\mu$，则有

$$X_\alpha^\rho=\frac{\mu_\alpha-\mu}{T},X_\alpha^q=\frac{T_\alpha-T}{T^2}(\alpha=\mathrm{L,P}) \tag{6.1}$$

根据线性不可逆热力学，流与力的关系为

$$J=LX \tag{6.2}$$

其中 L 是 4×4 的 Onsager 矩阵，$J=(J_L^\rho,J_L^q,J_P^\rho,J_P^q)^T$，$X=(X_L^\rho,X_L^q,X_P^\rho,X_P^q)^T$，$J_\alpha^\rho$、$J_\alpha^q$ 分别代表了从 α 热源流出的电荷和热流。因此，式(6.2)可以写成如下形式：

$$\begin{pmatrix}J_\mu\\J_\nu\end{pmatrix}=\begin{pmatrix}L_{\mu\mu}&L_{\mu\nu}\\L_{\nu\mu}&L_{\nu\nu}\end{pmatrix}\begin{pmatrix}X_\mu\\X_\nu\end{pmatrix} \tag{6.3}$$

其中 μ 代表(1、2)，ν 代表(3、4)。这就意味着 $J_\mu=(J_1,J_2)=(J_L^\rho,J_L^q)$，$J_\nu=$

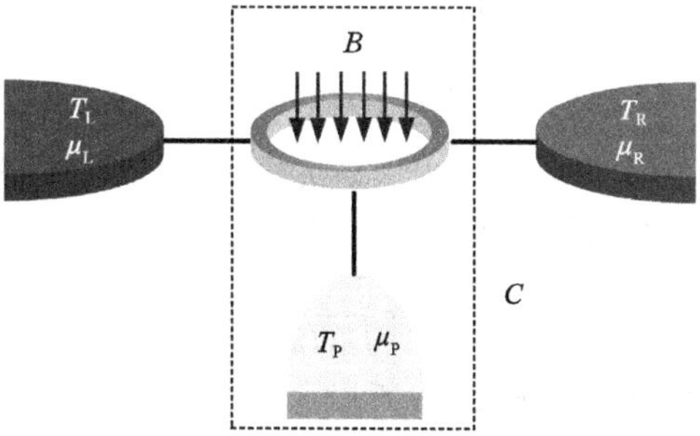

图 6.1　伴有外加磁场 B 条件下的纳米热电机

$(J_3, J_4)=(J_P^\rho, J_P^q)$。因为第三端(P)被用来模拟 Büttiker 探针，使得我们可以通过调整第三端的化学势和温度，以使第三端没有粒子流和热流。所以 $J_3^\rho = J_4^q=0, X_\nu=-L_{\nu\nu}^{-1}L_{\nu\mu}X_\mu$，这样 J_μ、L 可表示如下：

$$J_\mu = LX_\mu, L\equiv L_{\mu\mu}-L_{\mu\nu}L_{\nu\nu}^{-1}L_{\nu\mu} \tag{6.4}$$

于是

$$\begin{pmatrix} J_1 \\ J_2 \end{pmatrix} = \begin{pmatrix} L_{11} & L_{12} \\ L_{21} & L_{22} \end{pmatrix} \begin{pmatrix} X_1 \\ X_2 \end{pmatrix} \tag{6.5}$$

其中 $X_1=\mu_L/T_L-\mu_R/T_R, X_2=1/T_R-1/T_L$。因为体系中加入了磁场 B，导致了体系的时间反演对称性被破坏，从而使得式(6.5)这个线性响应矩阵的非对角元素满足如下关系：

$$L_{ij}(B)=L_{ji}(-B)\quad(i,j=1,2) \tag{6.6}$$

在参考文献[16]中，Brandner、Saito 等提出了一个比热力学第二定律的约束条件更强的约束条件，可表示如下：

$$\begin{cases} L_{11}(B)\geqslant 0, L_{22}(B)\geqslant 0 \\ L_{11}(B)L_{22}(B)+L_{12}(B)L_{21}(B)-[L_{12}^2(B)+L_{21}^2(B)]\geqslant 0 \end{cases} \tag{6.7}$$

在下文中，除非有必要明确地指出，我们将隐去 Onsager 系数中磁场 B。因此，热机的输出功和效率可以表示为

$$P=-J_1X_1T_R=-(L_{11}X_1+L_{12}X_2)X_1T_R>0 \tag{6.8}$$

$$\eta=\frac{P}{J_2}=-\frac{(L_{11}X_1+L_{12}X_2)X_1T_R}{L_{21}X_1+L_{22}X_2} \tag{6.9}$$

为了获得热机的最大输出功率，固定 Onsager 系数和 X_2 不变的情况下，通过 P 对 X_1 求导可得

$$X_1^*=-\frac{L_{12}X_2}{2L_{11}} \tag{6.10}$$

将式(6.10)代入式(6.8),我们可以求出最大功率 P^*

$$P^*=\frac{L_{12}^2\eta_C^2}{4L_{11}T_R} \tag{6.11}$$

其中 $\eta_c=1-T_c/T_h$ 为卡诺效率。为了研究方便,我们定义两个参数分别为:不对称参数 x 和一般热电优值 y,可以表示为:

$$x=\frac{L_{12}}{L_{21}},y=\frac{L_{12}L_{21}}{L_{11}L_{22}-L_{12}L_{21}} \tag{6.12}$$

由于体系的时间反演对称性被破坏,所以 $x\in(-\infty,+\infty)$,当 $B=0$ 时,$x=1$,此时,一般热电优值 y 约化为时间反演对称性情况下的表征热电转换效率的传统品质因数 ZT[34],且 $ZT=S^2T\sigma/\kappa$,其中,σ 为电导率,S 是塞贝克系数,κ 为热导率。由式(6.9)、式(6.10)、式(6.12)可得,在最大输出功率时的效率 η^* 表示为

$$\eta^*=\frac{\eta_c}{2}\frac{xy}{(y+2)} \tag{6.13}$$

为了研究热机在给定功率下的特性,引入效率增益和功率增益,分别用字母 $\delta\eta$、δP 表示,并定义如下:

$$\delta\eta=\frac{\eta-\eta^*}{\eta^*}\quad \delta P=\frac{P-P^*}{P^*} \tag{6.14}$$

其中,$-1\leqslant\delta P\leqslant 0$,由于热机功率增益有一个确定的范围,这样就有利于获得在给定功率下热机性能的明确结果。经过系列运算,可以得到

$$\frac{P}{P^*}=1+\delta P=\frac{-J_1X_1T_R}{-J_1^*X_1^*T_R^*}=\xi(2-\xi) \tag{6.15}$$

这里 $\xi=X_1/X_1^*$。同样,效率也可以表示成如下形式

$$\frac{\eta}{\eta^*}=\frac{P/J_2}{P^*/J_2^*}=1+\delta\eta=(2-\xi)\xi\frac{(y+2)}{[2(y+1)-\xi y]} \tag{6.16}$$

为了更好地呈现出效率对于输出功率的依赖性,根据式(6.15),我们得到如下关系式

$$\xi_{\pm}=1\pm\sqrt{-\delta P} \tag{6.17}$$

这里"+"对应有利的情况,即当外力增加时,效率也随之增加;而"−"则描述了相反的情况,当外力增加时,效率随之减小。因此,在给定功率下的效率与在最大输出功率下的效率之比可以表示为

$$\frac{\eta}{\eta^*}=1+\delta P\frac{(y+2)}{[2(y+1)-(1\pm\sqrt{-\delta P})y]} \tag{6.18}$$

进而可以得到在给定功率下的效率 η 作为 δP 的函数表达式

$$\eta=\frac{\eta_c}{2}\frac{(1+\delta P)xy}{[2(y+1)-(1\pm\sqrt{-\delta P})y]} \tag{6.19}$$

6.3 计算结果与讨论

为了进一步深入理解具有时间反演对称性破坏的三端量子热电机的性能优化的一般特性，我们将给出在给定功率下的这种热电机性能的详细分析。

根据式(6.19)，可以看到效率 η 是依赖于参数 x 和 y 的明确关系，结合 Brandner 等的研究[16]，并根据式(6.7)和式(6.12)得出如下不等式

$$\begin{cases}\Lambda(x)\leqslant y\leqslant 0, x<0 \\ \Lambda(x)\geqslant y\geqslant 0, x>0\end{cases} \tag{6.20}$$

式中 $\Lambda(x)=x/(x-1)^2$，图 6.2 呈现了 $\Lambda(x)$ 与 x 的关系。此外，借助于式(6.12)，可以发现在时间反演对称性破坏的情况下的耦合参数 Q 可表示为

$$Q=\frac{L_{12}L_{21}}{L_{22}L_{11}}=\frac{y}{y+1} \quad Q\in\left[-\frac{1}{3},1\right] \tag{6.21}$$

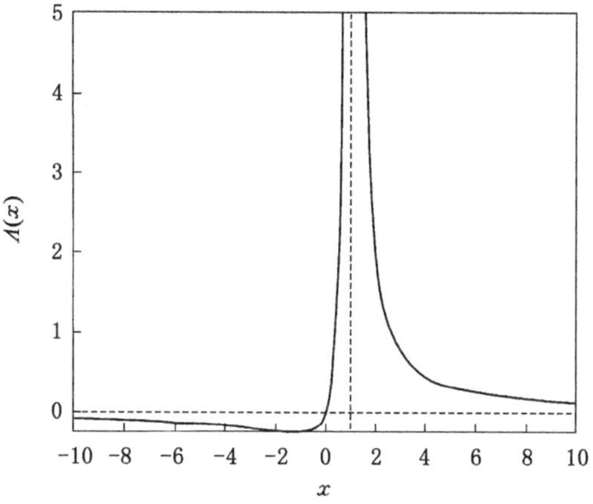

图 6.2　$\Lambda(x)$与参数 x 的函数关系图，垂直虚线为 $x=1$ 时的垂直渐近线

当 $x=1$ 和 $y=\Lambda(x)$时，$Q=1$ 对应时间反演对称性情况下的紧耦合情形。将耦合参数 Q 的范围与其他人[24,27,29,35]的研究成果相比较，发现其他工作的耦合参数 Q^2 被限制在[0,1]之间。而在本书中，因为 $Q\in[-1/3,1]$，所以本书中 Q 超出上述范围。这意味着时间反演对称性的破坏原则上可以提供更宽的参数区域来提高热电机的性能。借助于耦合参数 Q，热力学流与力的关系可以表示为

$$J_1=L_{11}X_1+L_{12}X_2=L_{12}\left(\frac{L_{21}}{QL_{22}}X_1+X_2\right) \tag{6.22}$$

$$J_2=L_{21}X_1+L_{22}X_2=L_{22}\left(\frac{QL_{11}}{L_{12}}X_1+X_2\right) \tag{6.23}$$

因此,Q 可以帮助我们确定流的正负。例如,当 $Q<0$ 时,热力学力 X_1 可能就会导致电流 J_1 是正值,而热流 J_2 是一个负值。

由式(6.15),我们可以注意到相对功率 P/P^* 作为 ξ 的函数,其与 ξ 的二次方成正比,其图形是一个抛物线的形状,而且 P/P^* 不依赖于除 ξ 以外其他任何参数。我们注意到 η/η^* 是 ξ 和 y 的函数[式(6.16)]。当 y 取值不同时,η/η^* 与 ξ 之间的关系曲线如图 6.3 所示;正如图 6.2 所示,可以看出,当 $x<0$ 时,一般热电品质因子 $y\in[-1/4,0]$。在图 6.3(a)中,对于 $y<0$ 以及更高的荷载 $\xi>1(X_1>X_1^*)$,当功率从其最大值减少时,效率也会随之降低。同时,伴随 $|y|$ 的增加,效率也展现出了减小的趋势。但是当外力 X_1 小于 X_1^* 时,随着 $|y|$ 的增加,效率会随之增加,在 $\xi<1$ 的区间内,效率存在最优值。与 $x<0$ 情况相比,当 $x>0$ 时,一般热电品质因子 $y\in[0,\infty]$(图 6.2)。当 $y>0$ 时,不同 y 值情况下,η/η^* 与 ξ 之间的关系反映在图 6.3(b)中。

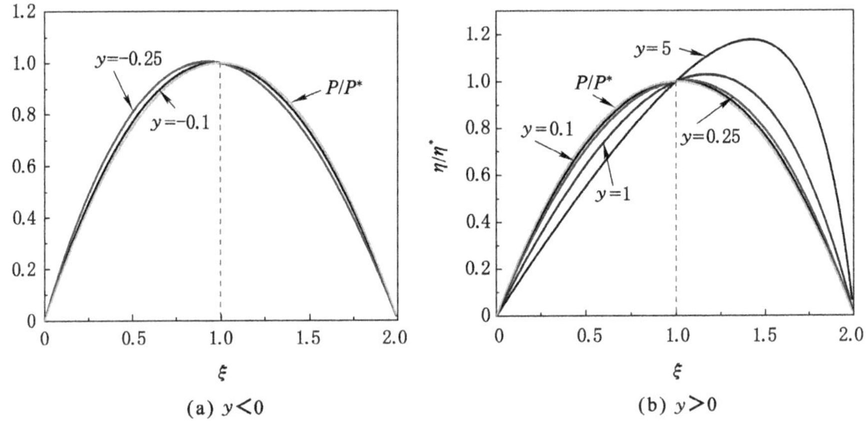

图 6.3　y 取不同值的情况下,η/η^* 与 ξ 的关系图

当 $\xi<1$ 时,随着 P/P^* 的增加,η/η^* 取值随之增加;随着 y 的增加,η/η^* 随之减小。当 $\xi>1$ 时,却出现了完全相反的特性,随着 y 的增加,优化效率也随之增强,如图 6.3(b)所示。与以往的研究结果相比较,我们的研究结果表明,打破时间反转对称性可以拓宽参数空间,从而可以给热电热机性能的优化提供更广阔的空间。

由式(6.17)可以得出,ξ 作为 δP 的函数有两个分支,每一个分支上 η/η^* 都有不同的特性。当 y 取不同的值时,η/η^* 与 δP 的关系反映在图 6.4 中。对于 $\xi=\xi_+$ 这一个分支而言,当取极限值 $\delta P\to\{-1,0\}$ 时,η/η^* 的取值相等;而且当 δP 从 -1 增加至 0 时,η/η^* 大部分的曲线都是单调增加的[图 6.4(a)]。而当

$y<0$ 时，随着 $|y|$ 的增加，η/η^* 减小。然而当 $y>0$ 时，随着 y 增加，η/η^* 相应增加。从图 6.4(a)可以明显地看出，当 $y=5$ 时，η/η^* 与 δP 的曲线是一条非单调曲线。当功率 P 小于最大功率 P^* 时，大的效率可以被获得，这意味着在优化热机性能的时候，效率和输出功率之间存在一个基本的权衡。当 $\xi=\xi_-$ 和 $y>0$ 时，随着 δP 的增加，η/η^* 随之单调递增。但随着 y 增加，效率将会减小[图 6.4(b)中的虚线]。当 $y<0$ 时(实线部分)，随着 δP 的增加，η/η^* 随之单调递增。但随着 $|y|$ 的增加，η/η^* 随之增加。当 $y=-0.25$ 时，η/η^* 可取得相对较大值。从图 6.4(a)和图 6.4(b)可以看出，η/η^* 对 y 和 δP 的具体依赖关系表明，在实际应用中可以利用输出功率和一般热电优值 y 对一个具有时间反演对称性破坏的热电机进行优化。

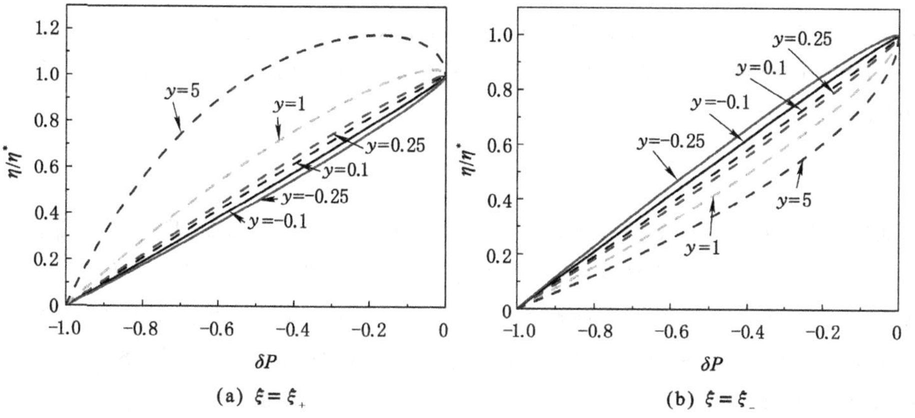

图 6.4　y 取不同值时所对应的 η/η^* 与 δP 的关系图

由于不对称参数 x 对于在给定功率和时间反演对称性破坏情况下的热电机的性能优化至关重要。因此，需要分析效率对 x 和 δP 的依赖关系。当 $y=\Lambda(x)$ 时，将 y 代入式(6.19)，可以得出效率 η 的束缚效率 η^{b}

$$\eta^{\mathrm{b}}=\frac{\eta_{\mathrm{c}}}{2}\frac{(1+\delta P)x^2}{[2(x^2-x+1)-(1\pm\sqrt{-\delta P})x]} \tag{6.24}$$

为了获得上式的最优值，我们对 η^{b} 求导且令 $\partial\eta^{\mathrm{b}}/\partial x=0$，得出三个可能的极值条件：$x=0,\pm1$。发现当 $x=1$ 时，所对应的效率为最大值。当 $x=1$ 时，可以得到一个新的束缚效率

$$\eta^{\mathrm{b}}=\frac{\eta_{\mathrm{c}}}{2}\frac{(1+\delta P)}{2(1\mp\sqrt{-\delta P})} \tag{6.25}$$

因此，Holubec 和 Ryabov 的结论[29]可以被再现。

为了深入理解给定功率下的热电机的束缚效率，我们给出了束缚效率 η^{b} 与不对称参数 x 和功率增益 δP 之间的关系，如图 6.5 所示。从图 6.5(a)和图 6.5(b)可以看出，效率的云图表现出了对 $x=0$ 的不对称特征。在图 6.5(a1)和图 6.5(b1)中，当 x 偏离其对称值 1 时，相应的横截面清楚地揭示了束缚效率如何迅速衰减的过程。值得强调的是，只有当 $x=1$ 时，热电机才能获得给定功率下的最优效率，但由于式(6.7)的限制，卡诺效率永远无法达到。特别地，当极限 $x\to\pm\infty$ 时，可以得到束缚效率的稳定值为

$$\eta^{bs}=\frac{\eta_c}{4}(1+\delta P)\quad |x|\to\infty \tag{6.26}$$

这表明，当 $|x|\to\infty$ 时，束缚效率 η^{bs} 仅取决于功率增益 δP。另外，值得注意的是，η^{bs} 与功率增益 δP 成正比，随着 δP 增大，相应的约束效率 η^{bs} 也随之增大，这意味着原则上可能通过打破时间反演对称性来增强在给定功率下的热机性能。在 $\delta P=0$ 的条件下，也就是功率接近于最大功率时，由式(6.24)，我们可以得到束缚效率 η^{b} 为

$$\eta^{b}=\frac{\eta_c}{2}\frac{x^2}{(2x^2-3x+2)}\quad \delta P=0 \tag{6.27}$$

因此，参考文献[16]中的结论也被证实。除了对称点 $x=1$ 之外，我们还发现在其他位置上，已知效率极限值是 CA 效率的 1/2 也被获得，如图 6.5(a1)和 6.5(b1)所示。这意味着由于时间反演对称性的破坏，我们可以轻易获得 CA 极限效率。此外，如图 6.5(a1)所示，当体系的时间反演对称性被破坏时，效率 η^{b} 有一定可能可以超过 CA 极限。然而，在不利的情况下，如图 6.5(b1)所示，CA 的限制并不容易被超越。为了更清楚地显示束缚效率对功率增益的依赖性，图 6.5(a2)和图 6.5(b2)给出了不同不对称参数 x 下，η^{b}/η_c 与 δP 的关系。可以清楚地看出，热机的束缚效率与功率增益的关系曲线并不是参考文献[35,36]中所述的环形曲线。对于($\xi=\xi_{\pm}$)的不同分支来说，有些曲线是单调的；而对于相同的 x 值，不同分支却存在不同的线形，这反映了热机在两个不同分支情况下运行具有不同性能。有趣的是，当功率稍微偏离最大功率时，效率可以达到最大值，如图 6.5(a2)所示。这意味着存在一个物理参数区域，使得在优化热机性能过程中存在着一个权衡关系；但是第二个分支中没有出现这种现象，如图 6.5(b2)所示。

此外，式(6.25)给出的束缚效率被绘制在图 6.5(a2)和图 6.5(b2)中。可以看出，在有利分支上，效率 η^{b}/η_c 从卡诺值开始单调下降；但不利分支上的 η^{b}/η_c 从效率为零处开始单调增加。此外，当 $\delta P=0$ 时，两支不同分支上的 η^{b}/η_c 与 δP 的关系曲线最终归结至 $\eta^{b}/\eta_c=0.5$ 处；对于不同的 x 取值，η^{b}/η_c 的具体行为

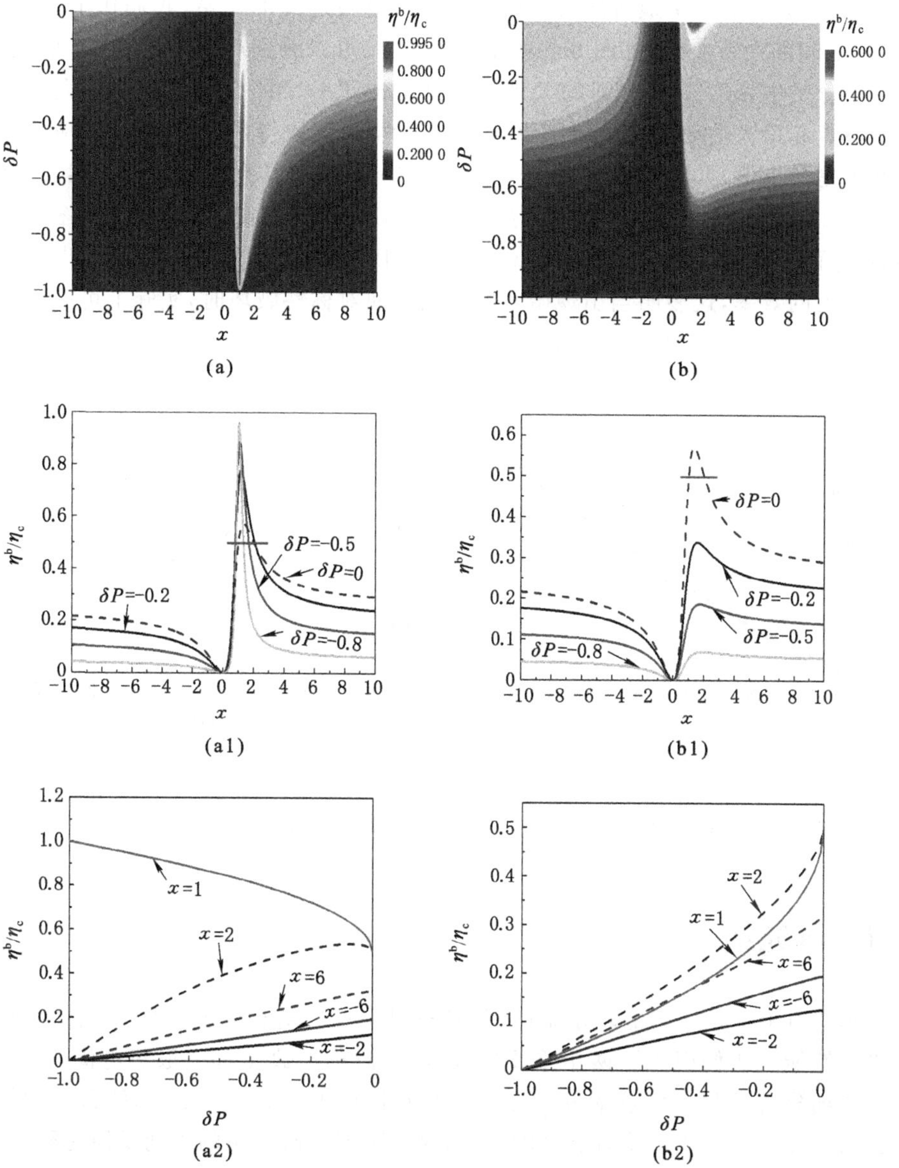

图 6.5　η^b/η_c 作为非对称参数 x 和功率增益 δP 的函数图以及不同分支的相关截面图（其中，有利情况显示在左栏，不利情况显示在右栏）

有利于理解热电机的性能。

最后，为了更清楚地看出效率增益和功率增益之间的关系，我们作出了 $\delta\eta^{b}$ 与 δP 之间的关系曲线，如图 6.6 所示。很明显，可以看到对于不同的 $|x|$ 取值，每一个分支中 $\delta\eta^{b}$ 与 δP 之间的关系曲线都形成了一个闭合环。其中最大的效率增益点和最大功率点接近但不重合，这表示当效率取得最大值时，所对应的功率并不是最大值，如图 6.6(a)所示，而这与实际热机的结果是一致的。然而，这种现象在不利的分支上并不明显，如图 6.6(b)所示。同时，随着 $|x|$ 值逐渐减小，环路面积却逐渐增大，并且在 $|x|$ 的取值相对较小时所对应的环路上出现了相对较大的效率，这表明当出现微弱的时间反演对称性破坏时，实际上可能获得较大的效率增益，如图 6.6 所示。

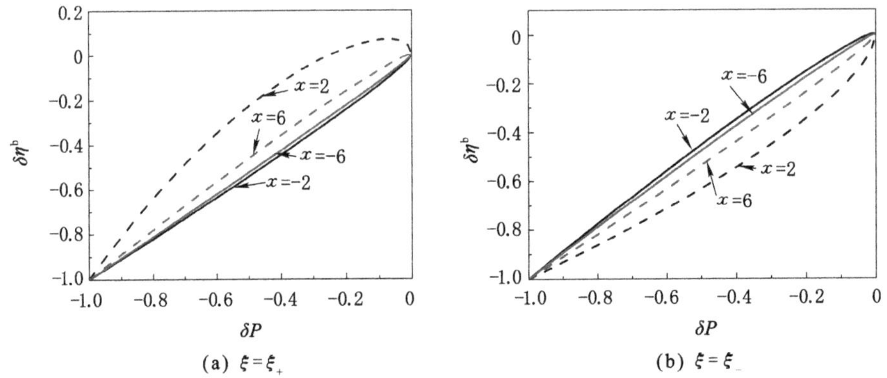

图 6.6　x 取值不同时，不同分支的效率增益 $\delta\eta^{b}$ 与功率增益 δP 的关系曲线

6.4　研究结论

本章讨论了在一定的功率条件下，具有时间反转对称性破坏的三端量子热电机的性能。我们引入了两个重要参数(即不对称参数 x 和一般热电优值 y)，并且详细分析了归一化效率 η/η^{*}、归一化功率 P/P^{*} 对功率增益 δP 和 y 的依赖关系。发现了一些系统有意义的特征，这意味着打破体系的时间反演对称性，为优化热机的性能提供了一个广泛的参数区域。更重要的是，获得了具有时间反演对称性破坏的热电机在给定功率下的效率的不同热力学束缚。借助于获得的普适公式，可以再现一些前人研究成果中的 CA 极限、紧耦合条件下的约束效率以及最大功率下的约束效率。当非对称参数偏离其对称值时，在给定功率下的热机效率可能在一定程度上超过 CA 极限，甚至可以获得给定功率下的最佳

效率。此外，减小不对称参数的取值，可以获得更大的效率增益。这些研究结果为理解和优化真正的热电器件提供了非常有用的指导。

参考文献

[1] DUBI Y, VENTRA M. Colloquium: heat flow and thermoelectricity in atomic and molecular junctions[J]. Reviews of Modern Physics, 2011, 83: 131-155.

[2] SOTHMANN B, SÁNCHEZ R, JORDAN A N. Thermoelectric energy harvesting with quantum dots [J]. Nanotechnology, 2015, 26 (3): 032001.

[3] WHITNEY R S. Finding the quantum thermoelectric with maximal efficiency and minimal entropy production at given power output[J]. Physical Review B, 2015, 91(11): 115425.

[4] HUMPHREY T E, NEWBURY R, TAYLOR R P, et al. Reversible quantum Brownian heat engines for electrons[J]. Physical Review Letters, 2002, 89(11): 116801.

[5] HERSHFIELD S, MUTTALIB K A, NARTOWT B J. Nonlinear thermoelectric transport: a class of nanodevices for high efficiency and large power output[J]. Physical Review B, 2013, 88(8): 085426.

[6] APERTET Y, OUERDANE H, GOUPIL C, et al. Efficiency at maximum power of thermally coupled heat engines [J]. Physical Review E, 2012, 85(4): 041144.

[7] YAMAMOTO K, HATANO N. Thermodynamics of the mesoscopic thermoelectric heat engine beyond the linear-response regime [J]. Physical Review E, 2015, 92(4): 042165.

[8] JIANG J H. Enhancing efficiency and power of quantum-dots resonant tunneling thermoelectrics in three-terminal geometry by cooperative effects[J]. 2014, 116(19): 194303.

[9] WHITNEY R S. Thermodynamic and quantum bounds on nonlinear DC thermoelectric transport [J]. Physical Review B, 2013, 87 (11): 115404.

[10] ESPOSITO M, LINDENBERG K, VAN DEN BROECK C. Thermoelectric efficiency at maximum power in a quantum dot[J]. EPL (Europhysics Letters), 2009, 85(6): 060010.

[11] ENTIN-WOHLMAN O, JIANG J H, IMRY Y. Efficiency and dissipation in a two-terminal thermoelectric junction, emphasizing small dissipation[J]. Physical Review E,2014,89:012123.

[12] MAZZA F,BOSISIO R,BENENTI G,et al. Thermoelectric efficiency of three-terminal quantum thermal machines[J]. New Journal of Physics,2014,16(8):085001.

[13] SÁNCHEZ R, SOTHMANN B, JORDAN A N. Chiral thermoelectrics with quantum Hall edge states[J]. Physical Review Letters,2015,114(14):146801.

[14] BENENTI G, SAITO K, CASATI G. Thermodynamic bounds on efficiency for systems with broken time-reversal symmetry[J]. Physical Review Letters,2011,106(23):230602.

[15] BALACHANDRAN V, BENENTI G, CASATI G. Efficiency of three-terminal thermoelectric transport under broken time-reversal symmetry[J]. Physical Review B,2013,87(16):165419.

[16] BRANDNER K,SAITO K,SEIFERT U. Strong bounds on Onsager coefficients and efficiency for three-terminal thermoelectric transport in a magnetic field[J]. Physical Review Letters, 2013, 110(7):070603.

[17] BRANDNER K, SEIFERT U. Multi-terminal thermoelectric transport in a magnetic field: bounds on Onsager coefficients and efficiency[J]. New Journal of Physics,2013,15(10):105003.

[18] BRANDNER K,SEIFERT U. Bound on thermoelectric power in a magnetic field within linear response[J]. Physical Review E,2015, 91:012121.

[19] JIANG J H. Thermodynamic bounds and general properties of optimal efficiency and power in linear responses[J]. Physical Review E,2014,90(4):042126.

[20] MAZZA F,VALENTINI S,BOSISIO R,et al. Separation of heat and charge currents for boosted thermoelectric conversion[J]. Physical Review B,2015,91(24):245435.

[21] PROESMANS K,CLEUREN B,VAN DEN BROECK C. Power-efficiency-dissipation relations in linear thermodynamics[J]. Physical Review Letters,2016,116(22):220601.

[22] SAITO K, BENENTI G, CASATI G, et al. Thermopower with broken time-reversal symmetry[J]. Physical Review B,2011,84(20):201306.

[23] CURZON F L, AHLBORN B. Efficiency of a Carnot engine at maximum power output[J]. American Journal of Physics, 1975, 43(1):22-24.

[24] JIMÉNEZ DE CISNEROS B, HERNÁNDEZ A C. Collective working regimes for coupled heat engines[J]. Physical Review Letters, 2007, 98(13):130602.

[25] ANDRESEN B. Current trends in finite-time thermodynamics[J]. Angewandte Chemie International Edition,2011,50(12):2690-2704.

[26] ESPOSITO M, KAWAI R, LINDENBERG K, et al. Efficiency at maximum power of low-dissipation Carnot engines [J]. Physical Review Letters,2010,105(15):150603.

[27] VAN DEN BROECK C. Thermodynamic efficiency at maximum power[J]. Physical Review Letters,2005,95(19):190602.

[28] WHITNEY R S. Most efficient quantum thermoelectric at finite power output[J]. Physical Review Letters,2014,112(13):130601.

[29] RYABOV A, HOLUBEC V. Maximum efficiency of steady-state heat engines at arbitrary power [J]. Physical Review E, 2016, 93(5):050101.

[30] HOLUBEC V, RYABOV A. Maximum efficiency of low-dissipation heat engines at arbitrary power[J]. Journal of Statistical Mechanics: Theory and Experiment,2016,2016(7):073204.

[31] HOLUBEC V, RYABOV A. Erratum: efficiency at and near maximum power of low-dissipation heat engines []. Physical Review E,2015,92:052125

[32] LONG R, LIU W. Efficiency and its bounds of minimally nonlinear irreversible heat engines at arbitrary power[J]. Physical Review E, 2016,94:052114.

[33] BÜTTIKER M. Role of quantum coherence in series resistors[J]. Physical Review B,1986,33(5):3020-3026.

[34] KIM H S, LIU W S, CHEN G, et al. Relationship between thermoelectric figure of merit and energy conversion efficiency[J].

Proceedings of the National Academy of Sciences of the United States of America,2015,112(27):8205-8210.

[35] IZUMIDA Y, OKUDA K, ROCO J M M, et al. Heat devices in nonlinear irreversible thermodynamics[J]. Physical Review E,2015,91(5):052140.

[36] JIMÉNEZ DE CISNEROS B, ARIAS-HERNÁNDEZ L A, CALVO HERNÁNDEZ A. Linear irreversible thermodynamics and coefficient of performance[J]. Physical Review E,2006,73(5):057103.

第 7 章　时间反演对称条件下最小非线性不可逆热电机的性能优化

7.1　研究背景

最近几年来，热电效应（也称塞贝克效应）在理论和实验上均得到了持续关注，特别是在纳米材料领域[1-3]。这主要源于 Mahan 等[4]先驱性工作以及纳米技术的进步。一方面，大量的研究致力于寻找新材料，其目的是提高热电转换效率和满足人类社会巨大的能源需求[5-8]。与传统的块状材料比较起来，纳米系统展现出了热电性能显著增强的特征。另一方面，由于节能减排和可持续发展的需要，优化和实际纳米热电器件也已成为热点和重要的科学问题。热电机是一个利用纳米器件连接两个热库（温度分别为 T_h 和 T_c，且 $T_h > T_c$）的装置，热电机能够实现粒子流逆化学势之差的流动，进而以可控的方式向外输出功率[9]。众所周知，各种热机都要受卡诺效率（$\eta_c = 1 - T_c/T_h$）的限制，但当热机以卡诺效率工作时，热机必然以可逆过程工作，此时的输出功率为零。最近，以发散功率工作热机的性能得到了深入研究，结果表明有限功率输出的卡诺热机是不可能实现的[10]。然而，从实践角度考虑，研究不可逆热电机的热力学性能仍然是非常重要的。

昂萨格关系作为线性不可逆热力学的基石是非常重要的。利用线性不可逆热力学方法，基于 Mach-Zehnder 干涉仪的热电机研究表明，该装置可以作为实际热机进行应用[11]。利用昂萨格关系表示热电输运系数进而分析纳米器件的热电行为已被提出，这意味着唯象的昂萨格关系已成为研究热电器件性能优化的一个有力工具[12]。Mazza 等在昂萨格关系的框架内计算了一个三端量子热机的效率，发现第三端可以用来增强量子器件的性能[13]。事实上，当一个外磁场施加在量子器件时，时间反演对称性的破坏会导致一些新的物理效应出现。Benenti 等阐释了如何利用时间反演对称性破坏来提高热电器件的效率[14]。对一个时间反演对称性破坏的三端热电机而言，获得了动力学系数的新束缚条件。研究发现，这些新的束缚公式限制了热电器件的性能[15]。而且，对含有时间反演对称性破坏条件的多端子热电机的性能已进行了理论分析，这为深入理解纳米热电器件的行为提供了一个新视角[16,17]。

然而，实际的热机在多数情况下不以最大功率进行工作，因为此时热机的效率相对较低。相反，当热机以稍微偏离最大功率工作时，获得更大的效率变得更加容易。Whitney 的几个重要工作指出，量子热机以给定功率工作时，热机的熵产生存在一个基本的约束条件[18-20]。Ryabov 和 Holubec 给出了低耗散热机和稳态热机以给定功率工作时的物理机制[21-23]。此外，最小非线性不可逆热机在给定功率时的效率和束缚条件也得到了阐述[24]。无论在理论还是在应用层面，这些结果表明在给定功率时热装置的优化都是非常重要的。

因为纳米尺度的热耗散会严重影响热电器件的性能，所以有必要对于时间反演对称性破坏时热耗散器件的性能优化进行深入分析。最小非线性不可逆模型能够表征热器件的局域耗散效应[25-27]，在给定功率条件下，本章研究了含有时间反演对称性破坏的最小非线性不可逆热电机的热力学特征。

7.2 物理模型与方法

我们考虑的最小非线性不可逆热电机如图 7.1 所示。图中两个热库的温度分别为 T_L 和 T_R（$T_L>T_R$），化学势分别为 μ_L 和 μ_R（$\mu_L>\mu_R$），外磁场 B 施加在中心区域，这会导致时间反演对称性的破坏[14-17]。热力学流与力的关系写为

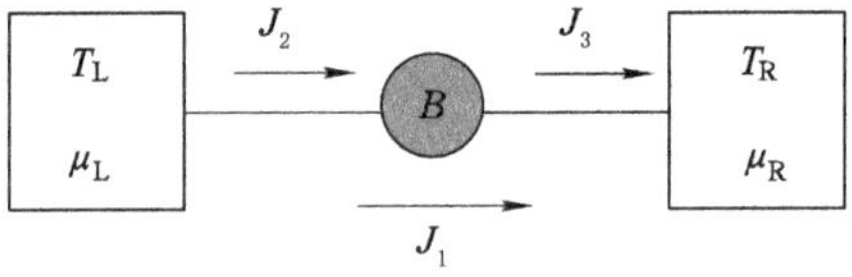

图 7.1　时间反演对称性破坏耗散型热电机

$$\begin{aligned} J_1 &= L_{11}(B)X_1 + L_{12}(B)X_2 \\ J_2 &= L_{21}(B)X_1 + L_{22}(B)X_2 - \gamma_L J_1^2 \end{aligned} \tag{7.1}$$

式中，J_1 和 J_2 分别为粒子流和热流；$L_{ij}(B)(i,j=1,2)$ 是昂萨格系数且满足 $L_{12}(B)=L_{21}(-B)$。对于最小非线性不可逆热电机而言，两个热力学力分别为 $X_2=1/T_R-1/T_L$ 和 $X_1=\mu_L/T_L-\mu_R/T_R\approx\Delta\mu/T$，这里 $\Delta\mu=\mu_L-\mu_R<0$ 和 $T_L\approx T_R\approx T$，功率可以表示为 $P=-J_1T_RX_1>0$。在式(7.1)中的非线性项 $-\gamma_L J_1^2$ 表示由于有限时间工作而流入热库（T_L）的热耗散，γ_L 表示耗散强度。这里我们没有考虑其他非线性耗散。此外，除非有需要，否则我们不将昂萨格系数中的 B 标注出来。在这个耗散热电机模型中，由于耗散效应较弱，基于熵增加原则的昂

萨格系数仍然满足如下关系

$$L_{11}\geqslant 0, L_{22}\geqslant 0, L_{11}L_{22}-\frac{1}{4}(L_{12}+L_{21})^2\geqslant 0 \tag{7.2}$$

在文献[16]中，作者们提出了一个对昂萨格系数的新的限制条件，但是这个束缚条件适用于 $n\geqslant 3$ 的多端子情况，其中额外的 Büttiker 探针能够导致非对称的昂萨格矩阵。这里所提到的昂萨格矩阵的非对称是由外磁场引起的。因此，文献[16]中的束缚条件不适用本书的模型。非对称参数与广义品质因子被定义为

$$x=\frac{L_{12}}{L_{21}},\quad y=\frac{L_{12}L_{21}}{L_{11}L_{22}-L_{12}L_{21}} \tag{7.3}$$

当 $x=1$ 时，y 可以约化为无量纲的热电品质因子 ZT。在一个热电系统中，热电转换效率由 $ZT=S^2\sigma T/k_e$ 表征，其中 S 为塞贝克系数，σ 为电导率，T 为系统的平均温度，k_e 为热导率。

在式(7.1)中，X_1 和 J_1 有明确的依赖关系，因此可以用 J_1 表示 X_1，于是来自热库的热流 $J_2=\dot{Q}_L$ 可以表示为

$$J_2=\dot{Q}_L=\frac{L_{21}}{L_{11}}J_1+L_{22}(1-k)X_2-\gamma_L J_1^2 \tag{7.4}$$

流入冷库的热流 $J_3=\dot{Q}_R=J_2-P$ 为

$$J_3=J_2-P=\frac{L_{21}}{L_{11}}J_1(1-\eta_c x)+L_{22}(1-k)X_2+\gamma_R J_1^2 \tag{7.5}$$

这里 $k=L_{12}L_{21}/L_{11}L_{22}$ 是耦合强度，γ_L 表征了进入冷库的耗散强度，其表达式为

$$\gamma_R=\frac{T_R}{L_{11}}-\gamma_L>0 \tag{7.6}$$

功率 $P=J_2-J_3$ 可以表示为

$$P=\frac{L_{12}}{L_{11}}\eta_c J_1-\frac{T_R}{L_{11}}J_1^2 \tag{7.7}$$

这样，P 在固定 X_2 时依赖于 X_1 和 J_1，这对于分析功率 P 是非常有用的。效率表示为

$$\eta=\frac{P}{J_2}=\frac{\frac{L_{12}}{L_{11}}\eta_c J_1-\frac{T_c}{L_{11}}J_1^2}{\frac{L_{21}}{L_{11}}J_1+L_{22}(1-k)X_2-\gamma_L J_1^2} \tag{7.8}$$

为了得到最大功率时的效率，令$\partial P/\partial J_1=0$，于是

$$J_1^*=\frac{L_{12}\eta_c}{2T_R} \tag{7.9}$$

借助于式(7.1)和式(7.9)，可得

$$X_1^*=-\frac{L_{12}X_2}{2L_{11}} \tag{7.10}$$

最大功率和最大功率时的效率分别为

$$P_{\max}=\frac{xyL_{22}\eta_c^2}{4(y+1)T_R} \tag{7.11}$$

$$\eta(P_{\max})=\frac{\eta_c}{4}\frac{xk}{1-k\left(\frac{1}{2}+x\Sigma\right)} \tag{7.12}$$

基于式(7.3)，我们有 $k=y/(1+y)$。Σ 的表达式为

$$\Sigma=\frac{\eta_c}{4\left(1+\frac{\gamma_R}{\gamma_L}\right)} \tag{7.13}$$

当 $\gamma_L=0$ 时，则 $\Sigma=0$，这意味着耗散效应消失。为了研究最小非线性不可逆热电机在给定功率下的效率，功率增益与效率增益因子被定义为

$$\delta P=\frac{P-P_{\max}}{P_{\max}}\quad \delta\eta=\frac{\eta-\eta(P_{\max})}{\eta(P_{\max})} \tag{7.14}$$

其中 $-1\leqslant\delta P\leqslant 0$。利用上述定义，相对功率为

$$\frac{P}{P_{\max}}=1+\delta P=-\frac{J_1X_1T_R}{J_1^*X_1^*T_R}=(2-\xi)\xi \tag{7.15}$$

规范化的效率为

$$\frac{\eta}{\eta(P_{\max})}=\frac{P/J_2}{P_{\max}/J_2^*}=(2-\xi)\xi\frac{\left[1-k\left(\frac{1}{2}+x\Sigma\right)\right]}{1-k\left[\frac{1}{2}\xi+(2-\xi)^2x\Sigma\right]} \tag{7.16}$$

其中，$\xi=X_1/X_1^*$ 为相对外力。为了研究时间反演对称性破坏情况下最小非线性不可逆热电机的优化特征，利用式(7.15)，可得

$$\xi=1\pm\sqrt{-\delta P} \tag{7.17}$$

这里，加(减)号分别对应第一(二)分支。在做一系列的代数运算后，规范化的效率为

$$\frac{\eta}{\eta(P_{\max})}=(1+\delta P)\frac{\left[1+\frac{y}{2}-xy\Sigma\right]}{y\left[1-\frac{1}{2}(1\pm\sqrt{-\delta P})\right]+1-(1\mp\sqrt{-\delta P})^2xy\Sigma} \tag{7.18}$$

进一步，给定功率时的效率可以解析性表示为

$$\eta=\frac{\eta_c}{4}\frac{(1+\delta P)xy}{y\left[1-\frac{1}{2}(1\pm\sqrt{-\delta P})\right]+1-(1\mp\sqrt{-\delta P})^2xy\Sigma} \tag{7.19}$$

这样，式(7.15)～式(7.19)为分析给定功率条件下的最小非线性不可逆热电机

的优化行为提供了有力工具。

7.3　结果与讨论

利用第二部分推导的理论公式，我们可以执行数值计算进而阐释给定功率条件下最小非线性不可逆热电机特征，能够帮助我们从更深的角度理解时间反演对称性破坏如何影响最小非线性不可逆热电机的优化特征。

由于非对称参数 x 和广义品质因子 y 在决定一个时间反演对称性破坏系统的热电效率方面扮演着重要角色[式(7.18)和式(7.19)]，利用式(7.2)和式(7.3)[14]，我们可以得到如下关系

$$\begin{cases}\Gamma(x)\leqslant y\leqslant 0, x<0\\ \Gamma(x)\geqslant y\geqslant 0, x>0\end{cases}\tag{7.20}$$

这里 $\Gamma(x)=4x/(x-1)^2$，它的图形被画在图 7.2 中。耦合参数为

$$k=\frac{y}{y+1}\quad k\in[-\infty,1]\tag{7.21}$$

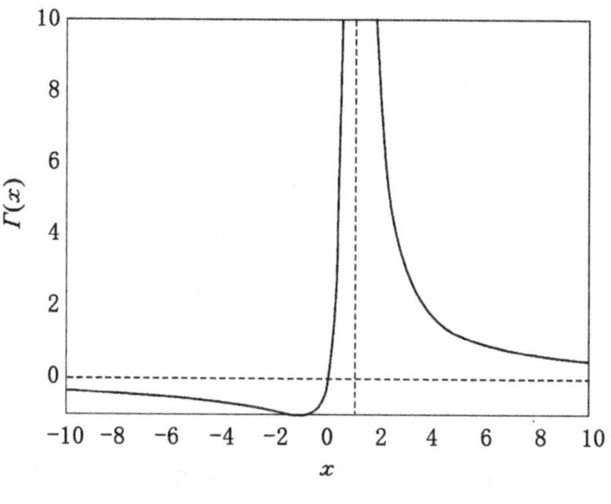

图 7.2　$\Gamma(x)$与 x 的关系曲线(垂直虚线表示垂直渐近线 $x=1$)

当 $x=1$ 时，$\Gamma(x)=y$。$k=1$ 对应于时间反演对称性情况。在以往的研究工作中[25-27]，耦合参数为 $q^2=L_{12}^2/(L_{11}L_{22})$ 的取值范围是[0,1]，但是这里的 k 超过了上述范围，这意味着时间反演对称性破坏能够在实践方面为优化热机性能提供更大的空间。在通常情况下，x 与 y 的关系是独立的；当且仅当 $y=\Gamma(x)$ 时，两者才会存在明确的关系。根据式(7.20)，y 的范围可以明确给定，这提供了有效参数来分析效率对广义品质因子 y 的依赖性。相关图形被展示在图 7.3 和图 7.4 中。

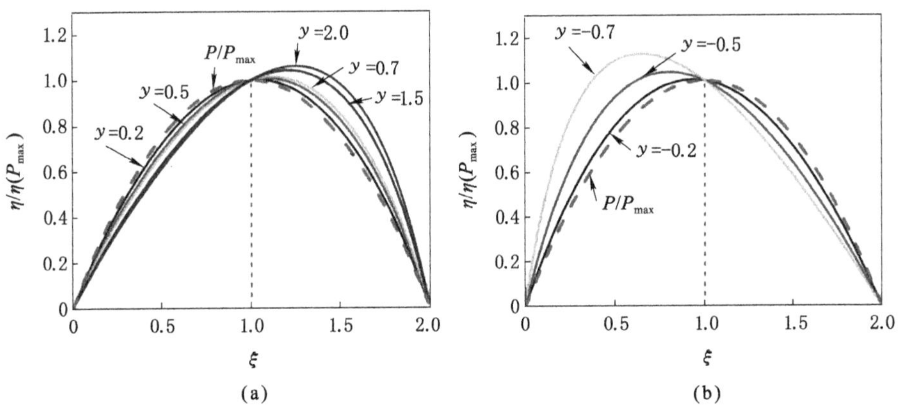

图 7.3 (a) 当 $x=0.3$ 时，在给定 y 值情况下，规范化效率 $\eta/\eta(P_{\max})$ 与 ξ 的关系；
(b) 当 $x=-0.3$ 时，在给定 y 值情况下，规范化效率 $\eta/\eta(P_{\max})$ 与 ξ 的关系

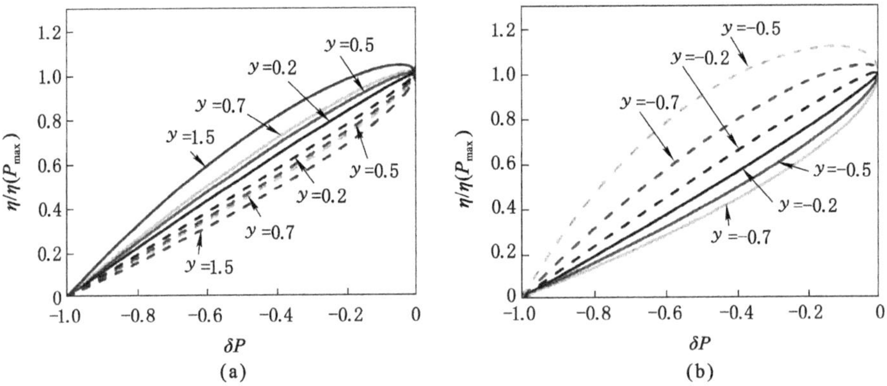

图 7.4 (a) 当 $x=0.3$ 时，在给定 y 值情况下，规范化效率 $\eta/\eta(P_{\max})$ 与 δP 的关系；
(b) 当 $x=-0.3$ 时，在给定 y 值情况下，规范化效率 $\eta/\eta(P_{\max})$ 与 δP 的关系

当 $x=0.3$ 时，$y\in[2.45,0]$；当 $x=-0.3$ 时，$y\in[-0.923,0]$。根据式(7.16)，对于不同的 y 值，规范化效率 $\eta/\eta(P_{\max})$ 与 ξ 被展示在图 7.3 中。随着 $|y|$ 的增加，效率曲线相对于 $\xi=1$ 具有非对称结构，但是 $P/P_{\max}$ 具有抛物线线型且独立于 y。当 $x>0$ 和 $\xi<1$ 时，规范化的效率 $\eta/\eta(P_{\max})$ 随着 ξ 的增加展现了单调增加的特征；当 $\xi>1$ 和 y 较小时，$\eta/\eta(P_{\max})$ 具有单调减小的线型。但随着 y 的增加，这种单调变化的行为逐渐变弱(如 $y=0.7,1.5,2.0$)，参见图 7.3(a)。从图 7.3(a)还可以发现，随着功率的减小，大的效率可以得到。另一方面，当

$x<0$ 时，相反的行为出现了[图 7.3(b)]，在 $\xi<1$ 的区域，优化的效率可以被得到。与以往的结果相比较[25-27]，我们的结果表明时间反演对称性破坏在实践上能够为热器件的优化提供更广泛的参数空间。在图 7.4 中，我们给出了不同 y 值条件下 $\eta/\eta(P_{\max})$ 与 δP 的关系。可以看到 $\eta/\eta(P_{\max})$ 作为 δP 的函数具有环形结构的线型。对于不同 y 值，工作在第一分支($\xi=1+\sqrt{-\delta P}$)上的热电机效率大于第二分支($\xi=1-\sqrt{-\delta P}$)上效率[图 7.4(a)]。同时，随着 y 的增加，在最大功率附近，可以得到一个更大的效率[图 7.4(a)中的实线]。这意味着热电机的功率和效率优化存在一个权衡关系。当 $x=-0.3$ 时，$\eta/\eta(P_{\max})$ 与 δP 呈现出了相似的行为[图 7.4(b)]，但随着 $|y|$ 的增加，大效率出现在第二分支上。图 7.4 的分析表明：选择不同的工作分支，人们可以得到更大的效率。

由于非对称参数 x 也是影响热电器件性能优化的重要参量，因此有必要分析效率对于参数 x 的依赖性关系。事实上，式(7.20)是熵增加大于零的结果[式(7.2)]。对于极限情况 $y=\Gamma(x)$，借助式(7.19)，给定功率下的束缚效率为

$$\eta^{\mathrm{b}}=\frac{\eta_{\mathrm{c}}(1+\delta P)x^2}{(x+1)^2-4x\left[\frac{1}{2}(1\pm\sqrt{-\delta P})+(1\mp\sqrt{-\delta P})^2 x\Sigma\right]} \tag{7.22}$$

特别是当 $x=1$ 时，束缚效率约化为

$$\eta^{\mathrm{b}}=\frac{\eta_{\mathrm{c}}(1+\delta P)}{4\left\{1-\left[\frac{1}{2}(1\pm\sqrt{-\delta P})+(1\mp\sqrt{-\delta P})^2\Sigma\right]\right\}} \tag{7.23}$$

于是，文献[24]的结果被再现了，此时的 η^{b} 对应紧耦合条件时给定功率下的效率。当 $\delta P=0$ 和 $\Sigma=0$ 时，式(7.22)约化为

$$\eta^{\mathrm{b}}=\eta_{\mathrm{c}}\frac{x^2}{x^2+1} \tag{7.24}$$

这是文献[14]的结果。式(7.24)中 η^{b} 是无耗散和时间反演对称性破坏时的束缚效率。当 $x=1$ 和 $\Sigma=0(\gamma_{\mathrm{R}}/\gamma_{\mathrm{L}}\to\infty)$时，强耦合极限时的束缚效率为

$$\eta^{\mathrm{b}}=\frac{\eta_{\mathrm{c}}}{2}(1\pm\sqrt{-\delta P}) \tag{7.25}$$

当 $x=1$ 和 $\Sigma=\frac{\eta_{\mathrm{c}}}{4}(\gamma_{\mathrm{R}}/\gamma_{\mathrm{L}}\to 0)$时，束缚效率为

$$\eta^{\mathrm{b}}=\frac{\eta_{\mathrm{c}}(1+\sqrt{-\delta P})}{2-\eta_{\mathrm{c}}(1-\sqrt{-\delta P})} \tag{7.26}$$

这是文献[21,22]的结果，即

$$\frac{\eta_{\mathrm{c}}}{2}(1\pm\sqrt{-\delta P})\leqslant\eta^{\mathrm{b}}\leqslant\frac{\eta_{\mathrm{c}}(1+\sqrt{-\delta P})}{2-\eta_{\mathrm{c}}(1-\sqrt{-\delta P})} \tag{7.27}$$

为了对束缚效率有更深入的理解，在图 7.5(a)和图 7.5(b)中，我们呈现了 η^{b} 对 x 和 δP 的详细依赖关系[式(7.22)]。随着耗散效应的出现($\Sigma\neq0$)，在一些区域，束缚效率被明显抑制了。可以看到存在热电机不能够工作的区域，这主要是源于热力学第二定律的限制，见图 7.5(a)和 7.5(b)的白色区域。值得注意的是，选择合适的 x 和 δP，给定功率下的较大效率仍然可以得到，这恰恰是不同参数协同作用的结果。从图 7.5 中可以看出，对应于第二分支的工作禁止区大于第一分支，这表明出现功率损失时，热电机的工作区间被明显限制了。此外，对于不同 x，图 7.5(c)给出了束缚效率 η^{b}/η_{c} 与 δP 的截面图。直觉上，高功率意味着高效率[图 7.5(a)和图 7.5(b)]，这似乎意味着不存在束缚功率和束缚效率的权衡。事实上，当 x 较小时，仍然存在权衡区域[图 7.5(c)中 $x=0.5$ 对应的实线]，伴随着 x 的进一步增加，权衡区域会消失。

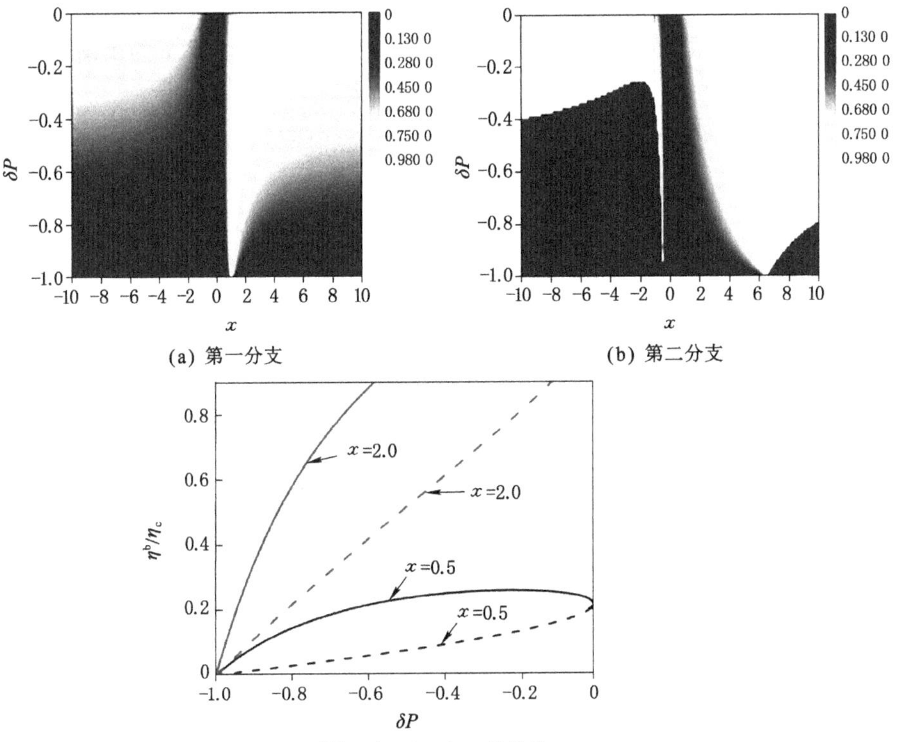

(a) 第一分支

(b) 第二分支

(c) 不同 x 时，η^{b}/η_{c} 与 δP 的关系
（实线对应第一分支，虚线对应第二分支）

图 7.5　束缚效率 η^{b}/η_{c} 作为功率增益 δP 和非对称参数 x 的函数图
(其他参数 $\gamma_{R}/\gamma_{L}=0.5$ 和 $\eta_{c}=0.5$)

为了进一步揭示束缚效率与不同分支的关系，借助于式(7.22)，η^b 作为功率增益 δP 和卡诺效率 η_c 函数图形被绘制在图 7.6 中。可以看出，当功率 P 接近最大功率 P_{max} 时，束缚效率呈现出增加的趋势。但是热电机在第二分支上[图 7.6(b)]的物理工作区域明显小于第一分支[图 7.6(a)]，虚线粗略地勾勒出了各自的工作区间。这折射出了一个清楚的事实：为了得到理想的性能，优化的热器件应该操作在第一分支。

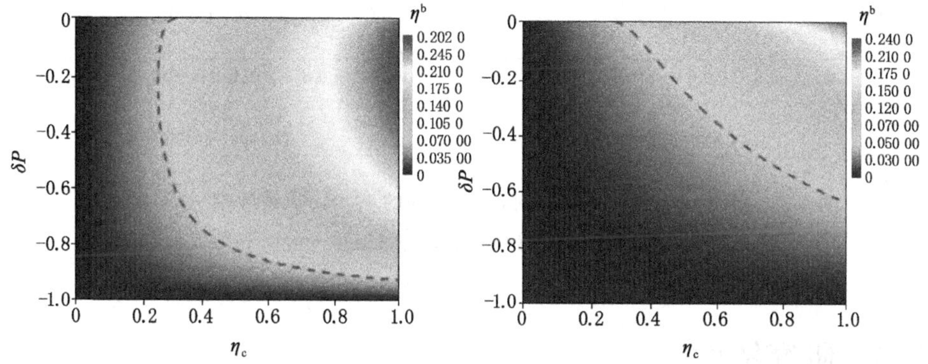

(a) 第一分支　　(b) 第二分支

图 7.6　η^b 作为功率增益 δP 和卡诺效率 η_c 的函数图

(虚线标记的 $\eta^b=0.06$，其他参数 $\gamma_R/\gamma_L=0.5$ 和 $\eta_c=0.5$)

最后，耗散比对于热电机优化性能的影响被呈现在图 7.7 中。可以看出束缚效率 η^b/η_c 和束缚效率的增益 $\delta\eta^b$ 具有典型的环状结构。在每一个分支上，随着 γ_R/γ_L 的减小，束缚效率明显增强[图 7.7(a)]。这种行为可以解释如下：来自热库的热量最终可以被再循环使用，但是 γ_R/γ_L 的增加意味着有更多的热量被释放到冷库中，这导致给定功率下的效率降低。可以看到在第二分支上耗散对于效率的影响更为明显[图 7.7(a)]。值得注意的是，η^b 和 $\delta\eta^b$ 均在第一分支上出现优化值[图 7.7(a)和图 7.7(b)]，那里最大功率和最大效率仍然没有重合。这表明存在功率和效率的折中区域，与以往关于热器件的优化报道相一致[18-23,28-31]。我们也注意到随着 γ_R/γ_L 变弱，$\delta\eta^b$ 明显增强。这看起来有点反直觉，借助式(7.12)、式(7.18)和式(7.22)，在实践上确实 γ_R/γ_L 的减小会导致效率的增强[图 7.7(b)]。

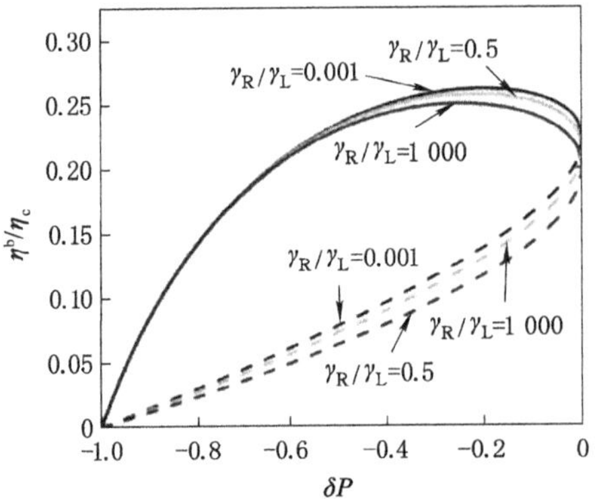

(a) η^b/η_c与δP的关系

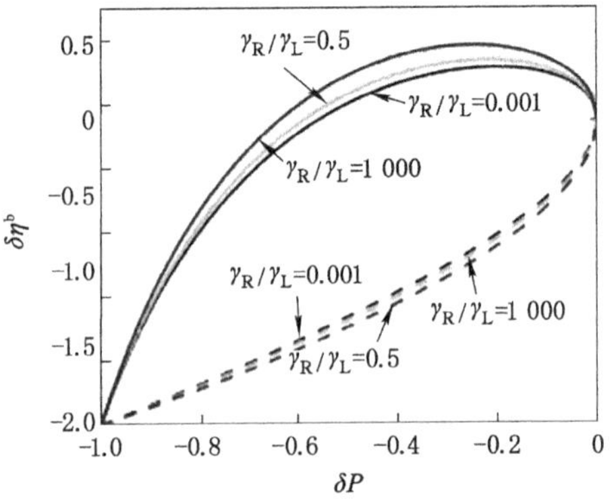

(b) $\delta\eta^b$与δP的关系

图 7.7　当 $x=0.5$ 和 $\eta_c=0.5$ 时，对于不同的 γ_R/γ_L，束缚效率 η^b/η_c 和 $\delta\eta^b$ 与功率增益 δP 的关系（实线和虚线分别对应第一分支和第二分支）

7.4　研究结论

耗散不可避免会出在热电机的实际操作过程中，实际的热电机通常不会在最大功率输出时，实现效率最大。因此，有必要理解在给定功率情况下耗散热电机的优化特征。在这个工作中，我们主要研究了时间反演对称性破坏时最小非线性不可逆热电机的特征。发现在规范化效率与荷载比曲线上，规范化效率依赖于广义品质因子(y)和相对外力(ξ)，但是相对功率 P/P_{max} 却与 y 无关。在第一(二)分支上，随着 $y(>0)[y(<0)]$增加(减小)，规范化效率增加，这表明时间反演对称性破坏确实为优化热电机的性能提供了物理上允许的空间，同时也意味着优化热电机时存在功率和效率权衡。而且，我们给出了时间反演对称性破坏时最小非线性不可逆热电机的一个普适的效率限制，由于耗散的出现，热电机出现了非工作区域，并且在第二分支上，工作区域明显减少。因此，理解工作在不同分支上热电的优化特征也是提高热电机性能的关键因素。借助于不同参数的协同作用，原则上可以获得大的效率。此外，耗散比的增加会导致效率和效率增益的减小。这些研究结果对于理解给定功率条件下时间反演对称性破坏对时间热电机性能的影响是有益的。

参考文献

[1] DUBI Y, DI VENTRA M. Colloquium: heat flow and thermoelectricity

in atomic and molecular junctions[J]. Reviews of Modern Physics, 2011,83(1):131-155.

[2] ZIMBOVSKAYA N A. Seebeck effect in molecular junctions[J]. Journal of Physics:Condensed Matter,2016,28(18):183002.

[3] SHAKOURI A. Recent developments in semiconductor thermoelectric physics and materials[J]. Annual Review of Materials Research,2011, 41:399-431.

[4] MAHAN G D ,SOFO J O . The best thermoelectric [J]. Proceedings of the National Academy of Sciences of the United States of America, 1996,93(15):7436-7439.

[5] SOTHMANN B,SÁNCHEZ R,JORDAN A N. Thermoelectric energy harvesting with quantum dots [J]. Nanotechnology, 2015, 26 (3):032001.

[6] APERTET Y,OUERDANE H,GOUPIL C,et al. From local force-flux relationships to internal dissipations and their impact on heat engine performance:the illustrative case of a thermoelectric generator [J]. Physical Review E,2013,88(2):022137.

[7] HUMPHREY T E,LINKE H. Reversible thermoelectric nanomaterials[J]. Physical Review Letters,2005,94(9):096601.

[8] BEVILACQUA G,GROSSO G,MENICHETTI G,et al. Thermoelectric efficiency of nanoscale devices in the linear regime[J]. Physical Review B, 2016,94(24):245419.

[9] APERTET Y,OUERDANE H,GLAVATSKAYA O,et al. Optimal working conditions for thermoelectric generators with realistic thermal coupling[J]. EPL (Europhysics Letters),2012,97(2):28001.

[10] POLETTINI M,ESPOSITO M. Carnot efficiency at divergent power output[J]. EPL (Europhysics Letters),2017,118(4):40003.

[11] HOFER P P, SOTHMANN B. Quantum heat engines based on electronic Mach-Zehnder interferometers[J]. Physical Review B, 2015,91(19):195406.

[12] JACQUOD P,WHITNEY R S,MEAIR J,et al. Onsager relations in coupled electric,thermoelectric,and spin transport:the tenfold way [J]. Physical Review B,2012,86(15):155118.

[13] MAZZA F,BOSISIO R,BENENTI G,et al. Thermoelectric efficiency

of three-terminal quantum thermal machines[J]. New Journal of Physics,2014,16(8):085001.

[14] BENENTI G, SAITO K, CASATI G. Thermodynamic bounds on efficiency for systems with broken time-reversal symmetry[J]. Physical Review Letters,2011,106(23):230602.

[15] BRANDNER K,SAITO K,SEIFERT U. Strong bounds on Onsager coefficients and efficiency for three-terminal thermoelectric transport in a magnetic field [J]. Physical Review Letters, 2013, 110(7):070603.

[16] BRANDNER K,SEIFERT U. Bound on thermoelectric power in a magnetic field within linear response[J]. Physical Review E,2015, 91:012121.

[17] BRANDNER K, SEIFERT U. Multi-terminal thermoelectric transport in a magnetic field: bounds on Onsager coefficients and efficiency[J]. New Journal of Physics,2013,15(10):105003.

[18] WHITNEY R S. Finding the quantum thermoelectric with maximal efficiency and minimal entropy production at given power output[J]. Physical Review B,2015,91(11):115425.

[19] WHITNEY R S. Most efficient quantum thermoelectric at finite power output[J]. Physical Review Letters,2014,112(13):130601.

[20] BENENTI G,CASATI G,SAITO K,et al. Fundamental aspects of steady-state conversion of heat to work at the nanoscale[J]. Physics Reports,2017,694:1-124.

[21] RYABOV A,HOLUBEC V. Maximum efficiency of steady-state heat engines at arbitrary power [J]. Physical Review E, 2016, 93(5):050101.

[22] HOLUBEC V, RYABOV A. Erratum: efficiency at and near maximum power of low-dissipation heat engines[J]. Physical Review E,2015,92:052125.

[23] HOLUBEC V,RYABOV A. Maximum efficiency of low-dissipation heat engines at arbitrary power[J]. Journal of Statistical Mechanics: Theory and Experiment,2016,2016(7):073204.

[24] LONG R,LIU W. Efficiency and its bounds of minimally nonlinear irreversible heat engines at arbitrary power[J]. Physical Review E,

2016,94:052114.

[25] IZUMIDA Y, OKUDA K, ROCO J M M, et al. Heat devices in nonlinear irreversible thermodynamics[J]. Physical Review E,2015, 91(5):052140.

[26] IZUMIDA Y,OKUDA K. Efficiency at maximum power of minimally nonlinear irreversible heat engines[J]. EPL (Europhysics Letters), 2012,97(1):10004.

[27] IZUMIDA Y, OKUDA K, CALVO HERNÁNDEZ A, et al. Coefficient of performance under optimized figure of merit in minimally nonlinear irreversible refrigerator[J]. EPL (Europhysics Letters),2013,101(1):10005.

[28] CHEN J C. The maximum power output and maximum efficiency of an irreversible Carnot heat engine[J]. Journal of Physics D: Applied Physics,1994,27(6):1144-1149.

[29] BLICKLE V, BECHINGER C. Realization of a micrometre-sized stochastic heat engine[J]. Nature Physics,2012,8(2):143-146.

[30] MARTÍNEZ I A, ROLDÁN É, DINIS L, et al. Brownian Carnot engine[J]. Nature Physics,2016,12(1):67-70.

[31] GORDON J M,NG K C. Thermodynamic modeling of reciprocating chillers[J]. Journal of Applied Physics,1994,75(6):2769-2774.

第8章　耦合型热装置热力学性能的权衡优化

8.1　研究背景

人类历史上的工业革命源于能量转换方式的革新，热机是实现能量转换的典型装置之一。自热机设计和发明以来，提高热机的功率和效率一直是理论和工程应用中的一个重要问题。我们都知道，卡诺定理给出了热机效率的上限，即热机的效率不能超过卡诺效率 $\eta_c=1-T_c/T_h$，这里 T_h 和 T_c 分别是高低温热库的温度。同样，制冷机的制冷系数也受到卡诺制冷系数的 $\varepsilon_c=T_c/(T_h-T_c)$ 束缚。

然而，卡诺热机（制冷机）的热力学过程是准静态的，这导致它的输出功率（制冷功率）为零，这意味着卡诺机缺乏实际意义。实际热机（制冷机）的循环过程是不可逆的，其效率（制冷系数）远未达到卡诺极限。因此，探索不可逆热机（制冷机）的热功转换机理更具有现实意义，从而诞生了有限时间热力学[1,2]。有限时间热力学作为非平衡热力学的一个分支，已经成为一个非常活跃的研究领域[3-6]。

在有限时间热力学的框架内，为了物理表征实际热机的工作过程，各种热机模型相继被提出，包括内可逆[2]、低耗散[7]、线性不可逆[8,9]、最小非线性不可逆[10,11]、布朗[12,13]、生物分子机器[14,15]等。此外，有限时间热力学的研究方法已应用于量子领域，如量子热机（制冷机）、量子电池、量子计算等[4,16-19]。另一方面，热力装置的性能优化也是有限时间热力学的一个重要课题，一些优化热机（制冷机）的方法应运而生，包括最大功率时的效率[2]、最大品质因子[20,21]、生态准则[22,23]、效率功[24-27]、任意功率时的效率[28,29]、权衡优化[30-32]等。

Apertet 等在不受线性模型约束的情况下，获得了内可逆 Curzon-Ahlborn 热机最大功率时的效率（即所谓的 CA 效率 $\eta_{CA}=1-\sqrt{T_c/T_h}$），表明 CA 效率与非线性热机的特殊情况有关[33]。在最大品质因子条件下，人们得到了低耗散制冷机制冷系数的热力学界限[20]，与实际制冷机的实验观察结果一致。考虑到输出功率与熵产造成的功率损失之间的折中，Angulo-Brown 构建了一个生态优化准则[22]。该方法经 Yan 等进一步修正后，已应用于热机的热力学优化[34,35]。Singh等从效率功方面讨论了LD卡诺热机的最优性能[27]，他们不仅找到了优化效率的上界和下界，而且给出了对称耗散下的效率表达式。基于最小非线性不可逆模型，研究给定功率输出下的效率可以为实际热机的运行提供方法论指导[36]。由于环境温度的不确定性难以获得生态准则中的熵产生，Hernández等提出了一种权衡优化准则，该准则代表了输出功率与不可逆性造成的功率损失之间的最佳折中[30]。de Tomas等利用权衡判据研究了低耗散热机(制冷机)的热力学行为，并给出了其效率(制冷系数)的上界和下界[31]。Gonzalez-Ayala等详细分析了权衡判据下系统参数对热机效率的影响[32]。此外，热装置的权衡优化分析具有一定的理论指导意义[37-39]。上述研究表明，权衡优化是优化热机(制冷机)性能的有效途径。

从实用角度看，耦合热机在大功率输出方面具有一定的优势。Harman分析了两级串联热电机的功率和效率[40]，并推导了多级串联热电机的效率。Apertet等发现耦合热机的最大功率输出条件并非唯一[41]。两个耦合量子制冷机的稳态存在纠缠特性，谐振条件下的稳态纠缠比非谐振条件下的稳态纠缠更鲁棒[42]。研究已经阐明了由两台耦合的低耗散热机和制冷机组成的吸收式制冷机的热力学性能，当吸收式制冷机的功率稍微偏离其最大值时，吸收式制冷机的效率可以得到显著提高[43]。从整体角度来看，Johal和Rai利用线性不可逆热力学研究了耦合自动热机，发现最大输出功率(制冷功率)时的效率(制冷系数)取决于中间热源的温度[44]。然而，值得注意的是，权衡准则下耦合热装置的热力学行为更具有理论和实际意义，但这方面的探索还很少。基于这些考虑，我们在权衡准则下研究了耦合热装置的热力学性质。研究结果可为实际耦合热装置的进一步实际应用提供物理基础。

8.2 耦合热机的权衡优化

耦合热机模型如图8.1(a)所示，中间热库(温度为T_m)在高温热库(温度为T_h)和低温热库(温度为T_c)之间。三个热库的温度满足$T_c \leqslant T_m \leqslant T_h$，$\dot{Q}_h$和$\dot{Q}_m$分别是从高温热库和中间热库流出的热流，$\dot{Q}_c$为流向低温热库的热流。“·”表示对循环周期的平均。$P_1=\dot{Q}_h-\dot{Q}_m$($P_2=\dot{Q}_m-\dot{Q}_c$)表示热机1(2)的输出功率。热机1和2的熵产生率为

$$\sigma_1=-\frac{\dot{Q}_h}{T_h}+\frac{\dot{Q}_m}{T_m}=-\frac{P_1}{T_m}+\dot{Q}_h\left(\frac{1}{T_m}-\frac{1}{T_h}\right) \tag{8.1}$$

$$\sigma_1=-\frac{\dot{Q}_m}{T_m}+\frac{\dot{Q}_c}{T_c}=-\frac{P_2}{T_m}+\dot{Q}_c\left(\frac{1}{T_c}-\frac{1}{T_m}\right) \tag{8.2}$$

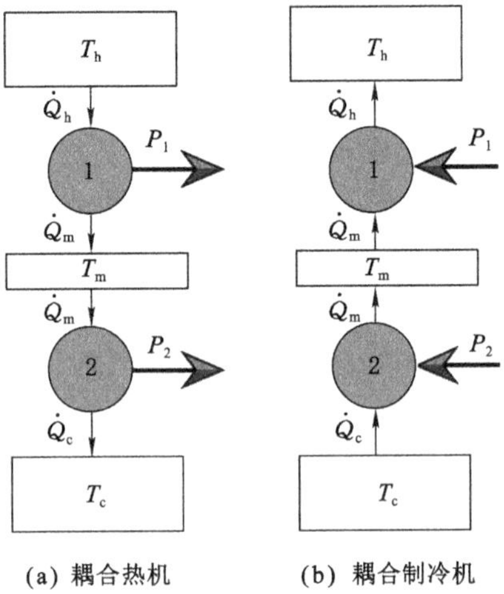

图 8.1　耦合热机和制冷机模型[细箭头表示热流方向，粗箭头表示输出功率(输入功率)方向]

注意，我们假设热流 $\dot{Q}_m$ 连续性通过中间热库且没有热耗散。对于这个耦合热机，它的总功率为 $P=P_1+P_2=\dot{Q}_h-\dot{Q}_c$，可以看出中间热库的净热流为零。这样，总的熵产生率为

$$\sigma=\sigma_1+\sigma_2=-\frac{P}{T_m}+\dot{Q}_h\left(\frac{1}{T_m}-\frac{1}{T_h}\right)+\dot{Q}_c\left(\frac{1}{T_c}-\frac{1}{T_m}\right) \tag{8.3}$$

我们引入参数 $A_h=1/T_m-1/T_h\geqslant 0$，$A_c=1/T_c-1/T_m\geqslant 0$ 和 $\lambda=A_c/(A_h+A_c)$，其中 $0\leqslant\lambda\leqslant 1$。这样，$A_h+A_c=1/T_c-1/T_h$。于是，总熵产生率可以进一步写为

$$\sigma=-\frac{P}{T_m}+\frac{\dot{Q}_hA_h+\dot{Q}_cA_c}{A_h+A_c}(A_h+A_c)=-\frac{P}{T_m}+\dot{\bar{Q}}\left(\frac{1}{T_c}-\frac{1}{T_h}\right) \tag{8.4}$$

其中，$\dot{\bar{Q}}=(1-\lambda)\dot{Q}_h+\lambda\dot{Q}_c$ 为有效热流。这里，我们定义与热力学量 x 共轭的力为 F，于是输出功率为 $P=F\dot{x}$。

在非线性不可逆热力学的框架内，总熵产生率 σ 还可以写为

$$\sigma=-\frac{F\dot{x}}{T_m}+\dot{\bar{Q}}\left(\frac{1}{T_c}-\frac{1}{T_h}\right)=J_1A_1+J_2A_2 \tag{8.5}$$

热力学的流和力满足的昂萨格关系为

$$\begin{pmatrix}J_1\\J_2\end{pmatrix}=\begin{pmatrix}L_{11} & L_{12}\\L_{21} & L_{22}\end{pmatrix}\begin{pmatrix}A_1\\A_2\end{pmatrix} \tag{8.6}$$

这里，我们定义的热力学流 $J_1=\dot{x}$ $(J_2=\dot{\bar{Q}})$，对应的热力学力分别为 $A_1=$

$-F/T_m(A_2=1/T_c-1/T_h)$。根据热力学第二定律，熵产生率 $\sigma\geqslant 0$ 意味着昂萨格系数满足

$$L_{11}\geqslant 0 \quad L_{22}\geqslant 0 \quad L_{11}L_{22}-L_{12}L_{21}\geqslant 0 \tag{8.7}$$

引入耦合参数 q 且被定义为 $q=L_{12}/\sqrt{L_{11}L_{22}}$，根据式(8.7)，可知 $-1\leqslant q\leqslant 1$。借助于流和力的定义，昂萨格关系可以重新写为

$$\dot{x}=-L_{11}\frac{F}{T_m}+L_{12}A_2 \quad \dot{Q}=-L_{12}\frac{F}{T_m}+L_{22}A_2 \tag{8.8}$$

利用 $\dot{Q}$，$P=\dot{Q}_h-\dot{Q}_c=F\dot{x}$ 和式(8.8)，我们可以得到如下关系

$$Q_h=-L_{11}\frac{F}{T_m}+L_{22}A_2+\lambda P \quad \dot{Q}_c=-L_{12}\frac{F}{T_m}+L_{22}A_2+(\lambda-1)P \tag{8.9}$$

事实上，热机的功率和效率不可能同时达到最大值。因此，有必要对热机进行优化，以提高能源利用效率。权衡优化准则(也称为 Ω 准则)代表了有用能量和损失能量之间的最佳折中，已成为优化热装置的有效方法[30]。对于耦合热机来说，Ω 判据可以写为

$$\Omega=2P-\eta_c\dot{Q}_h=2F\dot{x}-\eta_c\dot{Q}_h \tag{8.10}$$

这里 $\eta_c=1-T_c/T_h$ 是卡诺效率。将式(8.9)中的 $\dot{Q}_h$ 代入式(8.10)，并且令$\partial\Omega/\partial F=0$，可得

$$F^*=\frac{L_{12}\eta_c(3-2\tilde{\eta})}{2L_{11}(2-\tilde{\eta})(1-\tilde{\eta})} \tag{8.11}$$

这里 $\tilde{\eta}=1-T_c/T_m$ 是第二个热机的卡诺效率。借助式(8.11)，优化的功率 $P=F\dot{x}$ 和 $\dot{Q}_h$ 分别为

$$P^*=\frac{L_{12}^2\eta_c^2(3-2\tilde{\eta})}{4T_mL_{11}(2-\tilde{\eta})^2(1-\tilde{\eta})^2} \tag{8.12}$$

$$\dot{Q}_h^*=\left\{1+\frac{q^2(3-2\tilde{\eta})[2(2-\tilde{\eta})(1-\tilde{\eta})-\tilde{\eta}]}{4(2-\tilde{\eta})^2(1-\tilde{\eta})}\right\}L_{22}A_2 \tag{8.13}$$

于是，耦合热机在权衡判据下的效率为

$$\eta^*=\frac{P^*}{\dot{Q}_h^*}=\frac{\eta_c}{\tilde{\eta}-2(2-\tilde{\eta})(1-\tilde{\eta})+4A/q^2} \tag{8.14}$$

其中 $A=(2-\tilde{\eta})^2(1-\tilde{\eta})/(3-2\tilde{\eta})$。

式(8.14)给出了耦合热机效率与热机 2 的卡诺值之间的关系，它为分析耦合热机的优化行为提供了有力的工具。在紧耦合条件下($q^2=1$)，由式(8.14)可得

$$\eta^*(q^2=1)=\frac{\eta_c}{\tilde{\eta}-2(2-\tilde{\eta})(1-\tilde{\eta})+4A} \tag{8.15}$$

而且，η^* 的束缚条件为

$$0\leqslant\eta^*\leqslant\frac{\eta_c}{\tilde{\eta}-2(2-\tilde{\eta})(1-\tilde{\eta})+4A}\equiv\eta^*\quad(q^2=1)\tag{8.16}$$

在极限 $\tilde{\eta}\to 0$ 和 $\tilde{\eta}\to 1$ 条件下，可得 η^* 的上下限为

$$\frac{3}{4}\eta_c\leqslant\eta^*\leqslant\eta_c\tag{8.17}$$

为了与最大功率时的效率 η_{mp} 进行比较，当 $q^2=1$ 时，文献[44]中的 η_{mp}[见文献44的方程(16)]为 $\eta_{mp}=\eta_c/(2-\tilde{\eta})$。在极限 $\tilde{\eta}\to 0$ 和 $\tilde{\eta}\to 1$ 条件下，我们由

$$\frac{1}{2}\eta_c\leqslant\eta_{mp}\leqslant\eta_c\tag{8.18}$$

与式(8.18)相比，式(8.17)的结果提供了物理上允许的增加耦合热机效率的空间。

为了进一步分析耦合强度对耦合热机优化效率的影响，η^* 与 $\tilde{\eta}$ 的函数关系被绘制成图 8.2(见图中实线)。发现 η^* 是 $\tilde{\eta}$ 的单调递增函数，随 q^2 的增加，η^* 明显增强。η^* 对耦合强度 q^2 的依赖关系反映在式(8.14)中。为了比较，耦合热机最大功率时效率[44]写为

$$\eta_{mp}=\frac{\eta_c}{1+\left(\frac{4-2q^2}{q^2}-1\right)(1-\tilde{\eta})}\tag{8.19}$$

η_{mp} 与 $\tilde{\eta}$ 也显示在图 8.2 中(见虚线)。尽管对于不同的耦合强度 q^2，η_{mp} 与 η^* 的曲线相似，$\eta_{mp}\leqslant\eta^*$ 表明权衡优化在热机性能优化中具有一定的优势。

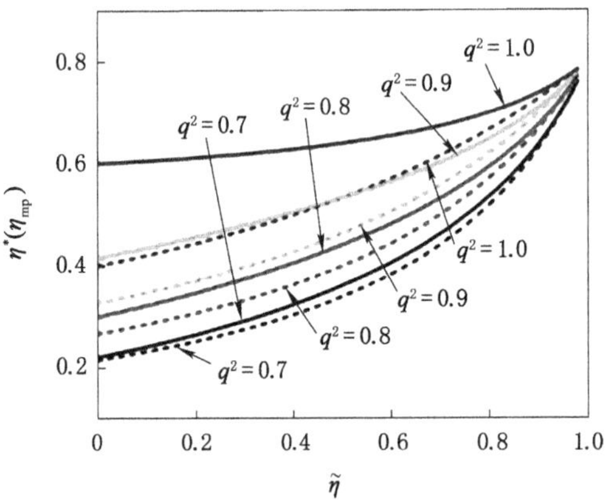

图 8.2　对于不同的耦合强度 q^2，效率(η^* 和 η_{mp})与 $\tilde{\eta}$ 的关系图

(实线对应 η^*，虚线对应 η_{mp}[44]，卡诺效率 $\eta_c=0.8$)

值得注意的是，中间温度 T_m 取值在 $[T_c, T_h]$ 之间，T_m 可以取 T_h 和 T_c 的不同平均值。在紧耦合条件下（$q^2=1$），对于不同的 T_m，$\tilde{\eta}$ 和 η_c 的确定型关系如表 8.1 所示。对于非紧密耦合的情况，虽然可能有点复杂，但借助式（8.14）和 $\tilde{\eta}$，仍然可以得到 η^* 的表达式。这些结果为在给定温度 T_m 条件下优化热机提供了物理基础。

表 8.1　在强耦合（$q^2=1$）条件下，对于不同的 T_m，耦合热机的优化效率 η^*

平均值	T_m	$\tilde{\eta}$	η^*
几何平均[2]	$\sqrt{T_h T_c}$	$1-\sqrt{1-\eta_c}$	$\dfrac{\eta_c(1+2\sqrt{1-\eta_c})}{1+3\sqrt{1-\eta_c}}$
算术平均[45]	$\dfrac{T_h+T_c}{2}$	$\dfrac{\eta_c}{2-\eta_c}$	$\dfrac{\eta_c(6-5\eta_c)(2-\eta_c)}{16-22\eta_c+7\eta_c^2}$
谐平均[46,47]	$\dfrac{2T_h T_c}{T_h+T_c}$	$\dfrac{\eta_c}{2}$	$\dfrac{2\eta_c(3-\eta_c)}{8-3\eta_c}$
对数平均[48,49]	$\dfrac{T_h-T_c}{\ln T_h-\ln T_c}$	$\dfrac{\eta_c+1(1-\eta_c)\ln(1-\eta_c)}{\eta_c}$	$\eta_c\left[\dfrac{\eta_c-2(1-\eta_c)\ln(1-\eta_c)}{\eta_c-3(1-\eta_c)\ln(1-\eta_c)}\right]$
莱默平均[50]	$\dfrac{T_h^5+T_c^5}{T_h^{5-1}+T_c^{5-1}}$	$\dfrac{\eta_c}{1+(1-\eta_c)^5}$	$\eta_c\dfrac{[1+(1-\eta_c)^5][3-3\eta_c+3(1-\eta_c)^5]}{4-3\eta_c+(1-\eta_c)^5[8-3\eta_c+4(1-\eta_c)^5]}$

8.3　耦合制冷机的权衡优化

如果倒转图 8.1(a)中的热流方向，我们可以得到一个耦合制冷机，如图 8.1(b)所示。与耦合热机情况类似，可以很容易得到耦合制冷机的熵产生率

$$\sigma=\frac{P}{T_m}-\frac{\dot{Q}_h A_h+\dot{Q}_c A_c}{A_h+A_c}(A_h+A_c)=\frac{P}{T_m}-\dot{Q}\left(\frac{1}{T_c}-\frac{1}{T_h}\right) \tag{8.20}$$

再次定义流 $J_1=\dot{x}(J_2=\dot{Q})$ 以及相应的热力学力 $A_1=F/T_m(A_2=1/T_h-1/T_c)$。这样，总的熵产生率为 $\sigma=J_1A_1+J_2A_2$。借助于昂萨格关系，热力学流与力之间的线性关系可以写为

$$\dot{x}=J_1=L_{11}\frac{F}{T_m}+L_{12}A_2 \quad \dot{Q}=J_2=L_{12}\frac{F}{T_m}+L_{22}A_2 \tag{8.21}$$

利用 $\dot{Q}=(1-\lambda)\dot{Q}_h+\lambda\dot{Q}_c$、式（8.21）和 $P=\dot{Q}_h-\dot{Q}_c=F\dot{x}$，我们可以得到

$$\dot{Q}_h=L_{11}\frac{F}{T_m}+L_{22}A_2+\lambda P, \dot{Q}_c=L_{12}\frac{F}{T_m}+L_{22}A_2+(\lambda-1)P \tag{8.22}$$

对于耦合制冷机而言,Ω 判据[30]可以写为

$$\Omega=2\dot{Q}_c-\varepsilon_c P=2\left[L_{12}\frac{F}{T_m}+L_{22}A_2+(\lambda-1)P\right]-\varepsilon_c F\left(L_{11}\frac{F}{T_m}+L_{12}A_2\right) \tag{8.23}$$

其中,$\varepsilon_c=T_c/(T_h-T_c)$为卡诺制冷系数。利用$\partial\Omega/\partial F=0$,可得

$$F^*=\frac{L_{12}\tilde{\varepsilon}(4+3\tilde{\varepsilon})}{2L_{11}\varepsilon_c(2+\tilde{\varepsilon})(1+\tilde{\varepsilon})} \tag{8.24}$$

这里 $\tilde{\varepsilon}=T_m/(T_h-T_m)$为制冷机 1 的制冷系数。将式(8.24)代入输入功率公式 $P=Fx$,可得优化的输入功率为

$$P^*=\frac{L_{12}^2\tilde{\varepsilon}^3(4+3\tilde{\varepsilon})}{4T_m L_{11}\varepsilon_c^2(2+\tilde{\varepsilon})^2(1+\tilde{\varepsilon})^2} \tag{8.25}$$

相应的优化制冷功率为

$$\dot{Q}_c^*=\frac{L_{12}^2\tilde{\varepsilon}^3(4+3\tilde{\varepsilon})(2\tilde{\varepsilon}^2+5\tilde{\varepsilon}+4)}{4T_0 L_{11}\varepsilon_c(2+\tilde{\varepsilon})^2(1+\tilde{\varepsilon})^2}-L_{22}A_2 \tag{8.26}$$

优化的制冷系数为

$$\varepsilon^*=\frac{\dot{Q}_c^*}{P^*}=\frac{\varepsilon_c}{\tilde{\varepsilon}^2}\left[(2\tilde{\varepsilon}^2+5\tilde{\varepsilon}+4)-\frac{4(2+\tilde{\varepsilon})^2(1+\tilde{\varepsilon})}{q^2(4+3\tilde{\varepsilon})}\right] \tag{8.27}$$

这样,优化的制冷系数 ε^* 与 $\tilde{\varepsilon}$ 的关系被建立了。为了与最大制冷功率时的制冷系数相比较,我们也推导了文献[44]中的最大制冷功率时的制冷系数

$$\varepsilon_m^*=\frac{\varepsilon_c(1+\tilde{\varepsilon})}{\tilde{\varepsilon}^2(2+\tilde{\varepsilon})}\left[\frac{(2+\tilde{\varepsilon})^2}{(1+\tilde{\varepsilon})}-\frac{4}{q^2}\right] \tag{8.28}$$

在图 8.3 中,我们给出了 ε^* (ε_m^*)与 $\tilde{\varepsilon}$ 关系曲线。当 $q^2<1$ 时,ε^* 呈现出了递增的特征[图 8.3(a)中的实线],而且最终 ε^* 维持在一个稳定值 $\varepsilon_c[2-4/(3q^2)]$。于是,$\varepsilon^*$ 的束缚区域为 $0\leqslant\varepsilon^*\leqslant\varepsilon_c[2-4/(3q^2)]$。考虑紧耦合($q^2=1$)情况,$\varepsilon^*$ 的束缚区域为 $2\varepsilon_c/3\leqslant\varepsilon^*<\infty$。当 $q^2<1$ 时,ε_m^* 具有非单调特征[图 8.3(b)中的虚线],并伴有极值出现。随着 $\tilde{\varepsilon}$ 的增加,ε_m^* 变得越来越小。对于不同的 q^2,在 $\tilde{\varepsilon}$ 的大部分区域,均有 $\varepsilon^*>\varepsilon_m^*$。特别在 $q^2=1$ 时,虽然 ε^* 和 ε_m^* 最初都具有单调递减的特征,最后都保持在各自的稳定值,但 ε_m^* 的稳定值很小。因此,ε^* 明显大于 ε_m^*。这意味着权衡准则在优化耦合制冷机的性能方面具有潜在的优势。

最后,紧耦合条件下($q^2=1$),ε^* 与 ε_c 之间的关系如表 8.2 所示。注意,当 T_m 为几何均值、对数均值和 Lehmer 均值时,ε^* 表达式较为烦琐,没有在表 8.2 中显示。但通过使用式(8.27)和表 8.2 中的 $\tilde{\varepsilon}$,ε^* 与 ε_c 之间的演化行为仍然可以通过数值计算得到。

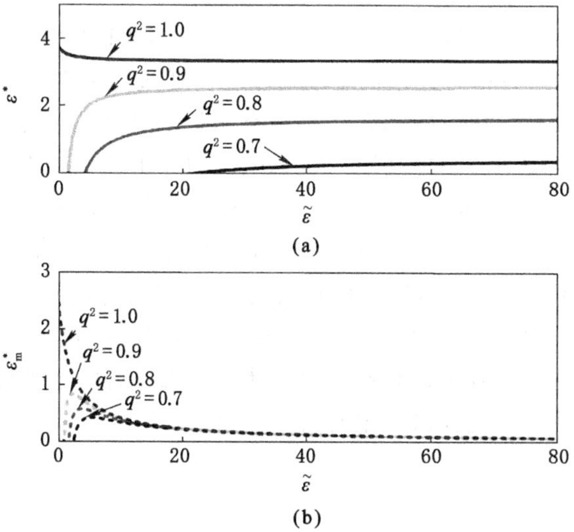

图 8.3　对于不同耦合强度 q^2，制冷系数与 $\tilde{\varepsilon}$ 的函数关系

（虚线对应文献[44]中的制冷系数 ε_m^*，实线对应本书中的 ε^*，卡诺制冷系数 $\varepsilon_c=5$）

表 8.2　在强耦合($q^2=1$)条件下，对于不同的 T_m，耦合制冷机的优化制冷系数 ε^*

平均值	T_m	$\tilde{\varepsilon}$	ε^*
几何平均[2]	$\sqrt{T_h T_c}$	$\varepsilon_c+\sqrt{\varepsilon_c(1+\varepsilon_c)}$	$\varepsilon^*[\tilde{\varepsilon}(\varepsilon_c)]\equiv\varepsilon^*(\varepsilon_c)$
算术平均[45]	$\frac{T_h+T_c}{2}$	$2\varepsilon_c+1$	$\frac{\varepsilon_c}{(2\varepsilon_c+1)^2}\left[8\varepsilon_c^2+18\varepsilon_c+11-\frac{8(3+2\varepsilon_c)^2(1+\varepsilon_c)}{q^2(7+6\varepsilon_c)}\right]$
谐平均[46,47]	$\frac{2T_hT_c}{T_h+T_c}$	$2\varepsilon_c$	$2\varepsilon_c^2+\frac{5}{2}+\frac{1}{\varepsilon_c}\left[1-\frac{4(1+\varepsilon_c)^2(1+2\varepsilon_c)}{q^2(4+6\varepsilon_c)}\right]$
对数平均[48,49]	$\frac{T_h-T_c}{\ln T_h-\ln T_c}$	$\frac{1}{(1+\varepsilon_c)\ln\frac{1+\varepsilon_c}{\varepsilon_c}-1}$	$\varepsilon^*[\tilde{\varepsilon}(\varepsilon_c)]\equiv\varepsilon^*(\varepsilon_c)$
莱默平均[50]	$\frac{T_h^5+T_c^5}{T_h^{5-1}+T_c^{5-1}}$	$\varepsilon_c\left(\frac{1+\varepsilon_c}{\varepsilon_c}\right)^5+1$	$\varepsilon^*[\tilde{\varepsilon}(\varepsilon_c)]\equiv\varepsilon^*(\varepsilon_c)$

8.4　研究结论

与单一的热器件相比，耦合热器件在能量转换中更具有一定的优势。同时，由于节约能源的重要性日益凸显，耦合热器件的性能优化也有更多的研究现实意义。基于对线性不可逆热力学和权衡优化判据，本章对耦合热机(制冷机)的

热力学性能进行了分析。对于耦合热机，不仅给出了功率和效率的解析公式，而且得到了优化效率的上下限。对于不同的耦合强度，权衡优化效率 η^* 是 $\tilde{\eta}$ 的单调增函数，而且 η^* 随着耦合强度的增加而增强。通过与最大功率时的效率进行比较，结果表明，权衡优化下的耦合热机具有明显的优势。对于耦合制冷机，我们同样得到了制冷功率和制冷系数的表达式。对于非紧耦合情况，优化制冷系数 ε^* 是 $\tilde{\varepsilon}$ 单调递增函数，最终达到稳定值。对于紧耦合情况（$q^2=1$），ε^* 与 $\tilde{\varepsilon}$ 的关系与非紧耦合情况略有不同，但是 ε^* 仍有较大的值。不同耦合强度下制冷系数 ε^* 的热力学束缚已被确定，发现权衡判据下的制冷系数与最大制冷功率时的制冷系数具有明显的优势。此外，当中间热库的温度取不同的平均值时，我们给出了耦合热机（制冷机）效率（制冷系数）的计算公式。这些结果可以为实际耦合热机（制冷机）的性能优化提供一定的指导原则。

参考文献

[1] VAUDREY A, LANZETTA F, FEIDT M H B. Reitlinger and the origins of the efficiency at maximum powerformula for heat engines [J]. Journal of Non-Equilibrium Thermodynamics, 2014, 39(4): 199-203.

[2] CURZON F L, AHLBORN B. Efficiency of a Carnot engine at maximum power output[J]. American Journal of Physics, 1975, 43(1): 22-24.

[3] ANDRESEN B. Current trends in finite-time thermodynamics[J]. Angewandte Chemie International Edition, 2011, 50(12): 2690-2704.

[4] ANDRESEN B, SALAMON P. Future perspectives of finite-time thermodynamics[J]. Entropy, 2022, 24(5): 690.

[5] MA Y H, DONG H, SUN C P. Can we build a heat engine with both high power and high efficiency? the development and prospects of finite-time thermodynamics[J]. Physics, 2001, 50: 1.

[6] DING Z M, CHEN L G, WANG W H, et al. Progress in study on finite time thermodynamic performance optimization for three kinds of microscopic energy conversion systems[J]. Science china Physics, Mechanics & Astronomy, 2015, 45: 889.

[7] ESPOSITO M, KAWAI R, LINDENBERG K, et al. Efficiency at maximum power of low-dissipation Carnot engines [J]. Physical Review Letters, 2010, 105(15): 150603.

[8] VAN DEN BROECK C. Thermodynamic efficiency at maximum power [J]. Physical Review Letters,2005,95(19):190602.

[9] JIMÉNEZ DE CISNEROS B, ARIAS-HERNÁNDEZ L A, HERNÁNDEZ A C. Linear irreversible thermodynamics and coefficient of performance[J]. Physical Review E,2006,73(5):057103.

[10] IZUMIDA Y, OKUDA K, ROCO J M M, et al. Heat devices in nonlinear irreversible thermodynamics[J]. Physical Review E,2015, 91(5):052140.

[11] IZUMIDA Y, OKUDA K. Efficiency at maximum power of minimally nonlinear irreversible heat engines[J]. EPL (Europhysics Letters), 2012,97(1):10004.

[12] PROESMANS K, DREHER Y, GAVRILOV M, et al. Brownian duet: a novel tale of thermodynamic efficiency[J]. Physical Review X,2016,6(4):041010.

[13] MALGARETTI P, NOWAKOWSKI P, STARK H. Mechanical pressure and work cycle of confined active Brownian particles[J]. EPL (Europhysics Letters),2021,134(2):20002.

[14] FANG X N, KRUSE K, LU T, et al. Nonequilibrium physics in biology[J]. Reviews of Modern Physics,2019,91(4):045004.

[15] MUGNAI M L, HYEON C, HINCZEWSKI M, et al. Theoretical perspectives on biological machines[J]. Reviews of Modern Physics, 2020,92(2):025001.

[16] BENENTI G, CASATI G, SAITO K, et al. Fundamental aspects of steady-state conversion of heat to work at the nanoscale[J]. Physics Reports,2017,694:1-124.

[17] MYERS N M, ABAH O, DEFFNER S. Quantum thermodynamic devices: from theoretical proposals to experimental reality[J]. AVS Quantum Science,2022,4(2):027101.

[18] BHATTACHARJEE S, DUTTA A. Quantum thermal machines and batteries[J]. The European Physical Journal B,2021,94(12):239.

[19] KOSLOFF R, LEVY A. Quantum heat engines and refrigerators: continuous devices[J]. Annual Review of Physical Chemistry,2014, 65:365-393.

[20] WANG Y, LI M X, TU Z C, et al. Coefficient of performance at

maximum figure of merit and its bounds for low-dissipation Carnot-like refrigerators[J]. Physical Review E,2012,86:011127.

[21] YAN Z J,CHEN J C. A class of irreversible Carnot refrigeration cycles with a general heat transfer law[J]. Journal of Physics D: Applied Physics,1990,23(2):136-141.

[22] ANGULO-BROWN F. An ecological optimization criterion for finite-time heat engines[J]. Journal of Applied Physics, 1991, 69(11): 7465-7469.

[23] CHENG C Y, CHEN C K. The ecological optimization of an irreversible Carnot heat engine[J]. Journal of Physics D: Applied Physics,1997,30(11):1602-1609.

[24] STUCKI J W. The optimal efficiency and the economic degrees of coupling of oxidative phosphorylation [J]. European Journal of Biochemistry,1980,109(1):269-283.

[25] YILMAZ T, DURMUŞOĞLU Y. Efficient power analysis for an irreversible Carnot heat engine[J]. International Journal of Energy Research,2008,32(7):623-628.

[26] YILMAZ T. A new performance criterion for heat engines: efficient power[J]. Journal of the Energy Institute,2006,79(1):38-41.

[27] SINGH V,JOHAL R S. Low-dissipation Carnot-like heat engines at maximum efficient power [J]. Physical Review E, 2018, 98 (6):062132.

[28] RYABOV A,HOLUBEC V. Maximum efficiency of steady-state heat engines at arbitrary power [J]. Physical Review E, 2016, 93 (5):050101.

[29] ZHANG R, LI Q W, TANG F R, et al. Route towards the optimization at given power of thermoelectric heat engines with broken time-reversal symmetry [J]. Physical Review E, 2017, 96:022133.

[30] HERNÁNDEZ A C, MEDINA A, ROCO J M M, et al. Unified optimization criterion for energy converters[J]. Physical Review E, 2001,63(3):037102.

[31] DE TOMAS C, ROCO J M M, HERNÁNDEZ A C, et al. Low-dissipation heat devices: unified trade-off optimization and bounds

[J]. Physical Review E,2013,87:012105.

[32] GONZALEZ-AYALA J, CALVO HERNÁNDEZ A, ROCO J M. From maximum power to a trade-off optimization of low-dissipation heat engines: influence of control parameters and the role of entropy generation[J]. Physical Review E,2017,95:022131.

[33] APERTET Y,OUERDANE H,GOUPIL C,et al. True nature of the curzon-ahlborn efficiency[J]. Physical Review E,2017,96:022119.

[34] YAN Z J. Comment on "An ecological optimization criterion for finite-time heat engines"[J]. Journal of Applied Physics, 1993, 73 (7):3583.

[35] YAN Z J. Comment on "a general property of endoreversible thermal engines"[J]. Journal of Applied Physics,2001,89(2):1518-1519.

[36] LONG R,LIU W. Efficiency and its bounds of minimally nonlinear irreversible heat engines at arbitrary power[J]. Physical Review E, 2016,94:052114.

[37] LONG R,LIU Z C,LIU W. Performance optimization of minimally nonlinear irreversible heat engines and refrigerators under a trade-off figure of merit[J]. Physical Review E,2014,89(6):062119.

[38] LONG R, LIU W. Unified trade-off optimization for general heat devices with nonisothermal processes[J]. Physical Review E,2015, 91(4):042127.

[39] KAUR K,SINGH V,GHAI J,et al. Unified trade-off optimization of a three-level quantum refrigerator [J]. Physica A: Statistical Mechanics and Its Applications,2021,576:125892.

[40] HARMAN T C. Multiple stage thermoelectric generation of power [J]. 1958,29(10):1471-1473.

[41] APERTET Y, OUERDANE H, GOUPIL C, et al. Efficiency at maximum power of thermally coupled heat engines [J]. Physical Review E,2012,85(4):041144.

[42] KHLIFI Y,SEDDIK S,EL ALLATI A. Steady state entanglement behavior between two quantum refrigerators [J]. Physica A Statistical Mechanics and Its Applications,2022,596:127199.

[43] YE Z L, HOLUBEC V. Maximum efficiency of absorption refrigerators at arbitrary cooling power [J]. Physical Review E,

2021,103:052125.

[44] JOHAL R S, RAI R. Efficiency at optimal performance: a unified perspective based on coupled autonomous thermal machines[J]. Physical Review E,2022,105(4):044145.

[45] SINGH V, JOHAL R. Feynman-Smoluchowski engine at high temperatures and the role of constraints[J]. Journal of Statistical Mechanics:Theory and Experiment,2018:073205.

[46] CHEN L X,YAN Z J. The effect of heat-transfer law on performance of a two-heat-source endoreversible cycle [J]. 1989, 90 (7): 3740-3743.

[47] VAN DEN BROECK C. Efficiency at maximum power in the low-dissipation limit [J]. EPL (Europhysics Letters), 2013, 101 (1):10006.

[48] TU Z C. Efficiency at maximum power of Feynman's ratchet as a heat engine[J]. Journal of Physics A:Mathematical and Theoretical, 2008,41:312003.

[49] VAN DEN BROECK C, LINDENBERG K. Efficiency at maximum power for classical particle transport[J]. Physical Review E,2012,86 (4):041144.

[50] CAVINA V, MARI A, GIOVANNETTI V. Slow dynamics and thermodynamics of open quantum systems [J]. Physical Review Letters,2017,119(5):050601.

第 9 章　时间反演对称的介观热电机的生态优化

9.1　研究背景

介观尺度热电系统的性能优化在基础物理和技术应用层面上已经成为研究热点[1-5]，这主要因为基于热电学提高热功转换效率是实现可持续发展的必要条件。材料科学特别是纳米技术的进步使得人们能够制造介观热电器件(包括热机，制冷机和热泵)，从而提高能源的利用率[6-9]。Humphrey 等讨论了介观热电器件的热力学效率，并提出了介观热电系统的几个重要方面[10,11]。一些增强介观热电机的非线性效率被提出，这为实验操作提供了有益的指导[12,13]。量子点热机在热电能源利用方面展示了介观器件热电行为的重要特征[14-16]。特别是系统讨论了在有限输出功率时介观热电器件的效率界限，从而加深了对介观尺度热电效率的理解[17-19]。因此，介观热电器件性能的优化有力推动了量子系统热力学的科学进步。最近，稳态介观热电系统热功转换基础的全面综述对深入理解介观热电系统的量子热力学具有重要意义[20]。

事实上，作为一种功能性的热电纳米器件，介观热电机的优化可以更好地帮助我们理解热功转换的基本物理机制。人们提出了多种提高热电机性能的策略[21-23]。基于辐射能分析方法，人们研究了热电系统在线性响应状态下的优化效率和功率，发现协同效应可以提高热电机的热力效率[24]。热电机的性能研究表明，最大功率时的效率 η_{mp} 与典型的 Curzon-Ahlborn(CA)效率 $\eta_{CA}=1-\sqrt{T_c/T_h}$ 不同[25]，其中 T_h 和 T_c 分别表示热库和冷库的温度。值得注意的是，时间反演对称性破坏可以为优化介观热电机的效率提供物理方法。对于时间反演对称性破坏的两端介观热电机，效率的普遍热力学界限已被揭示，并且发现在线性响应区可以克服 CA 效率极限[26]。在磁场破坏时间反演对称性的三端或多端介观热电机系统中，基于唯像方法的昂萨格方程给出了最大效率和最大功率时效率的更强界限，从理论和实践的角度来看，这些结果意味着时间反演对称性的破坏可以作为一种外部手段来提高介观的热功转换性能[27-31]。最近，根据权衡优化准则，人们讨论了具有时间反演对称性破坏的三端热电器件性能，发现在权衡优化下的热电器件的性能优于在最大功率输出条件下的热电器件[32]。

对于热电器件的优化,存在各种优化准则[33]。在各种优化方案中,生态优化准则已被应用于研究各种热力学过程[34-40],因为该优化准则可以代表功率输出与不可逆造成的功率损失之间的折中。同时,我们注意到针对生态优化判据下破坏时反演对称性介观热电机热力学性能系统而详细的研究较为缺乏。因此,本章分析了时间反演性破坏的介观热电机的生态优化问题。这个研究揭示了一些有趣的物理特性,研究结果有助于深入理解基于生态准则的介观热电机的热力学性能。

9.2 物理模型与公式

我们这里考虑的物理模型如图 9.1 所示。导致时间反演对称性破坏的外磁场 B 穿过中心区域,中心系统连接左右两个电子库,这两个电子库的温度为 T_L 和 T_R,化学势分别为 μ_L 和 μ_R,其中我们令 $T_L > T_R = T$ 以及 $\mu_L < \mu_R = \mu$。同时,n 个电子库分别具有温度 T_i 和化学势 μ_i($i=1,2,3,4\cdots$)与中心系统相连,这 n 个电子库作为额外的探针端与磁场 B 耦合会产生不对称的昂萨格系数,但是探针端与中心系统之间不存在粒子流和热流。当 $n=1$ 时,在磁场作用下的三量子点环可以看作是一个真实的物理模型,每个量子点独立耦合到一个电子库,对应于一个时间反演对称性破坏的三端热电器件。利用 Landauer-Büttiker 公式,可以根据文献[41,42]的模型得到热库的粒子流和热流,通过电流的线性响应展开可以进一步得到昂萨格系数。在现有的纳米技术下,可以通过多量子点结构和外加磁场在实验室上实现具有时间反演对称性破坏的多端子介观热电机。

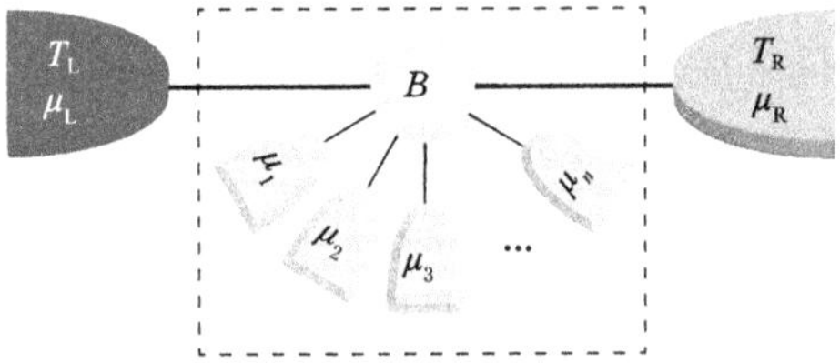

图 9.1　具有时间反演对称性破坏的介观热电机的示意图

(外磁场 B 穿过中心区域且中心区域连接 n 个探针)

因此,在线性不可逆热力学的框架内,热力学流与力之间的线性昂萨格关系为

$$\begin{aligned} J_\rho &= L_{\rho\rho}(B)F_\rho + L_{\rho q}(B)F_q \\ J_q &= L_{q\rho}(B)F_\rho + L_{qq}(B)F_q \end{aligned} \tag{9.1}$$

式中，J_ρ 和 J_q 分别指来自热库的粒子流和热流；$F_\rho=\mu_L/T_L-\mu/T=\Delta\mu/T$ 和 $F_q=1/T-1/T_L=\Delta T/T^2$ 是热力学力。$\Delta\mu=\mu_L-\mu$ 和 $\Delta T=T_L-T$ 与参考值(μ 和 T)比较起来是较小的。利用热力学流和力的定义，熵产生率为 $\sigma=J_\rho F_\rho+J_q F_q$。

根据流守恒以及散射矩阵的幺正性，一个对昂萨格系数更强的限制为[26,28]

$$\begin{cases} L_{\rho\rho}(B)\geqslant 0, L_{qq}(B)\geqslant 0 \\ L_{\rho\rho}(B)L_{qq}(B)-\dfrac{1}{4}[L_{\rho q}(B)+L_{q\rho}(B)]^2\geqslant \tan^2\left(\dfrac{\pi}{n}\right)[L_{\rho q}(B)-L_{q\rho}(B)]^2 \end{cases} \tag{9.2}$$

此外，由于时间反演对称性破坏导致的昂萨格系数互易关系为

$$L_{\rho q}(B)=L_{q\rho}(-B) \tag{9.3}$$

以下，除非有需要，否则我们将不显示昂萨格系数中的 B。

为了进一步研究生态判据下介观热电机的优化特征，我们引入三个参数：

$$\alpha=\sqrt{\frac{L_{\rho\rho}}{L_{qq}}}\frac{F_\rho}{F_q} \quad Q_{\rho q}=\frac{L_{\rho q}}{\sqrt{L_{\rho\rho}L_{qq}}} \quad Q_{q\rho}=\frac{L_{q\rho}}{\sqrt{L_{\rho\rho}L_{qq}}} \tag{9.4}$$

式中，α 表示在两个流中热力学力 F_ρ 和 F_q 的直接测度；$Q_{\rho q}$ 和 $Q_{q\rho}$ 是耦合参数且满足 $Q_{\rho q}=xQ_{q\rho}$，x 为时间反演对称性破坏引起的非对称参数。于是，昂萨格可以重新写为

$$\begin{aligned} J_\rho &= \sqrt{L_{\rho\rho}}(\sqrt{L_{\rho\rho}}F_\rho+Q_{\rho q}\sqrt{L_{qq}}F_q) \\ J_q &= \sqrt{L_{qq}}(Q_{q\rho}\sqrt{L_{\rho\rho}}F_\rho+\sqrt{L_{qq}}F_q) \end{aligned} \tag{9.5}$$

根据式(9.4)和式(9.5)，输出功率 P 可以表示为

$$P=-TJ_\rho F_\rho=-\frac{L_{qq}\eta_c^2}{T}(\alpha^2+Q_{\rho q}\alpha) \tag{9.6}$$

其中 η_c 为卡诺效率。热机的效率表示为

$$\eta=\frac{P}{J_q}=-\eta_c\frac{(\alpha^2+Q_{\rho q}\alpha)}{(Q_{q\rho}\alpha+1)} \tag{9.7}$$

生态判据[33-35,40]被引入且被定义为 $E=P-T\sigma$，利用上面的公式，E 的表达式为

$$E=-T(2J_\rho F_\rho+J_q F_q)=-[2\alpha^2+(2Q_{\rho q}+Q_{q\rho})\alpha+1]\frac{L_{qq}\eta_c^2}{T} \tag{9.8}$$

式(9.6)～式(9.8)为分析生态判据下介观热电机的热力学特征提供了一个起点。

9.3　优化结果与讨论

由于已经推导了介观热电机热力学性质的一般表达式，因此我们将研究时

间反演对称性破坏条件下介观热电机在生态判据下的特征。

利用式(9.8)，可以将 α 表示成 η 和 $Q_{\rho q}(Q_{q\rho})$ 的函数，即

$$\alpha=\frac{-(Q_{\rho q}\eta_c+Q_{q\rho}\eta)\pm\sqrt{(Q_{\rho q}\eta_c+Q_{q\rho}\eta)^2-4\eta\eta_c}}{2\eta_c} \tag{9.9}$$

另一方面，根据生态判据 E 的表达式并且令 $\partial E/\partial\alpha=0$，可得

$$\alpha^*=-\frac{(2Q_{\rho q}+Q_{q\rho})}{4} \tag{9.10}$$

结合式(9.10)和式(9.6)，可以得到生态判据下的功率

$$P_E=P_0\frac{(4x^2-1)Q_{q\rho}^2}{16} \tag{9.11}$$

其中，$P_0=L_{qq}\eta_c^2/T$。结合式(9.7)和式(9.10)，可得生态判据下的效率 η_E 为

$$\eta_E=\eta_c\frac{\left(Q_{\rho q}^2-\frac{1}{4}Q_{q\rho}^2\right)}{4-Q_{q\rho}^2-2Q_{\rho q}Q_{q\rho}} \tag{9.12}$$

再利用 $Q_{\rho q}=xQ_{q\rho}$，η_E 进一步表示为

$$\eta_E=\eta_c\frac{Q_{q\rho}^2\left(x^2-\frac{1}{4}\right)}{4-Q_{q\rho}^2-2xQ_{q\rho}^2} \tag{9.13}$$

9.3.1 时间反演对称性情况

当不考虑外部磁场 B 时，这对应时间反演对称情况($x=1$)，此时式(9.2)为

$$\begin{cases}L_{\rho\rho}\geqslant 0, L_{qq}\geqslant 0\\ L_{\rho\rho}L_{qq}-L_{\rho q}L_{q\rho}=L_{\rho\rho}L_{qq}-L_{\rho q}^2\geqslant 0\end{cases} \tag{9.14}$$

其中 $L_{\rho q}=L_{q\rho}$。式(9.14)是热力学第二定律要求熵产生率 $\sigma\geqslant 0$ 的结果。一个无量纲的参数被定义为

$$q=\frac{L_{\rho q}}{\sqrt{L_{\rho\rho}L_{qq}}} \tag{9.15}$$

其中，$-1\leqslant q\leqslant 1$。此外，表征热电系统性能的热电品质因子 ZT 为

$$ZT=\frac{L_{\rho q}^2}{L_{\rho\rho}L_{qq}-L_{\rho q}L_{q\rho}}=\frac{GS^2T}{\kappa}=\frac{S^2}{L} \tag{9.16}$$

式中，G 为电导率；S 为热功率(塞贝克系数)；κ 为热导率；T 为温度。$L=\kappa/GT$ 是洛伦兹比。对于宏观材料，Wiedemann-Franz 定律给出了普遍的关系式 $L=L_0=\pi^2k_B^2/(3e^2)$[43,44]，其中 k_B 为玻尔兹曼常数，e 为电子电荷。对于纳米级体系，L 将偏离 L_0，导致热电效率显著提高，即 $ZT>1$。这通常意味着违背了 Wiedemann-Franz 定律。利用式(9.4)中 $Q_{\rho q}$ 和 $Q_{q\rho}$ 的表达式，可以得到 ZT 与耦合强度 q 之间的关系式

$$ZT=\frac{q^2}{1-q^2} \tag{9.17}$$

这里我们使用了 $Q_{\rho q}=Q_{q\rho}=q$。根据式(9.12)，优化效率 η_E 可以写为

$$\eta_E=\frac{3\eta_c}{4}\frac{q^2}{(4-3q^2)} \tag{9.18}$$

这样文献[35]的结果被再现了。

然而，我们必须澄清一个基本事实，由于 Wiedemann-Franz 定律的限制[45,46]，传统块状热电材料的 ZT 值小于 1。于是，我们有

$$0<q^2<\frac{1}{2} \tag{9.19}$$

当 $ZT<1$ 时，利用式(9.18)，我们很容易得到 η_E 的上下限

$$0<\eta_E<\frac{3}{20}\eta_c \tag{9.20}$$

当 Wiedemann-Franz 定律被违背时，$ZT>1$，q^2 满足如下关系式

$$\frac{1}{2}\leqslant q^2\leqslant 1 \tag{9.21}$$

这样，η_E 的范围是

$$\frac{3}{20}\eta\leqslant\eta_E\leqslant\frac{3}{4}\eta_c \tag{9.22}$$

利用式(9.17)和式(9.18)，热电品质因子 ZT 与优化效率 η_E 之间的关系为

$$\eta_E=\frac{3\eta_c}{4}\frac{ZT}{4+ZT} \tag{9.23}$$

基于以上分析，我们注意到，对于以常规块体材料为主的宏观热机而言，优化效率由式(9.20)确定。对于以介观或纳米级为主的热电机[43-48]，原则上它们可能达到更高的优化效率[式(9.22)]。尤其是在极限 $ZT\to\infty$ 情况下，这对应于所谓的紧耦合条件($q^2=1$)，可以得到优化效率的上限 $\eta_E=3\eta_c/4$，这只有在介观或纳米级热电系统才会出现。

利用式(9.11)和式(9.17)，可得优化的输出功率为

$$P_E=P_0\,\frac{3q^2}{16} \tag{9.24}$$

或者写为

$$P_E=P_0\,\frac{3ZT}{16(ZT+1)} \tag{9.25}$$

这样，优化功率和效率的明确关系为

$$\bar{\eta}_E=\frac{\bar{P}_E}{1-4\bar{P}_E} \tag{9.26}$$

这里我们使用了如下关系 $\bar{\eta}_E=\eta_E/\eta_c$ 和 $\bar{P}_E=P_E/P_0$。当 $0\leqslant\bar{\eta}_E<1$ 时，物理上允许的 $\bar{\eta}_E$ 区域为[0,1/5)，式(9.26)清晰地给出了 $\bar{\eta}_E$ 与 $\bar{P}_E$ 的单调递增关系。

9.3.2 时间反演对称性破坏情况

在上一节中，给出了时间反演对称性条件下的多端介观热电机的热力学性质。这一部分，我们进一步探讨时间反演对称性破坏的介观热电机的生态优化特征。在线性响应区，广义热电品质因子为

$$y=\frac{L_{pq}(B)L_{qp}(B)}{L_{pp}(B)L_{qq}(B)-L_{pq}(B)L_{qp}(B)} \tag{9.27}$$

借助于式(9.4)，y 可以表示为

$$y=\frac{Q_{qp}^2 x}{1-Q_{qp}^2 x} \tag{9.28}$$

基于式(9.28)和式(9.13)，生态优化效率和广义热电品质因子被表示为

$$\eta_E=\frac{\left(x^2-\frac{1}{4}\right)y}{2x(2+y)-y} \tag{9.29}$$

对于一个多端热电机而言，我们根据 Brander 等的方法，利用式(9.27)，式(9.2)中的不等式可以写为

$$\begin{cases} W_n(x)\leqslant y\leqslant 0, x<0 \\ 0\leqslant y\leqslant W_n(x), x>0 \end{cases} \tag{9.30}$$

其中

$$W_n(x)=\frac{4x}{(x-1)^2}\cos^2\left(\frac{\pi}{n}\right) \tag{9.31}$$

当时间反演对称性被破坏时($x\neq 1$)，广义热电品质因子 y 的行为被反映在 $W_n(x)$ 中，见图 9.2。当 $-\infty<y\leqslant 0$ 时，$|y|$ 的取值被限定在[0,1]，这表明 Wiedemann-Franz 定律是满足的。在区间(0,1)和(1,6)，通过时间反演对称性破坏 $|y|$ 可以获得更大值。但随着 x 的增加，可以发现 Wiedemann-Franz 的破坏现象消失了。有意义的是，当 $y=W_n(x)$ 时，束缚效率 η_E^b 有如下表达式

$$\eta_E^b=\eta_c\frac{\left(x^2-\frac{1}{4}\right)\cos^2\left(\frac{\pi}{n}\right)}{(x-1)^2+(2x-1)\cos^2\left(\frac{\pi}{n}\right)} \tag{9.32}$$

为了清楚地说明约束效率与非对称性参数 x 的关系，规范化约束效率 $\bar{\eta}_E^b=\eta_E^b/\eta_c$ 与 x 的关系如图 9.3 所示。可以看出，存在一个禁止性区域 $x\in[-1/2,1/2]$，在禁止区 $\bar{\eta}_E^b\leqslant 0$ 热电机无法工作。此外，从式(9.32)也可以看出，在 $|x|\leqslant 1/2$ 区域，效率为零或者小于零。我们注意到最大效率以及最大功率时的效率也在

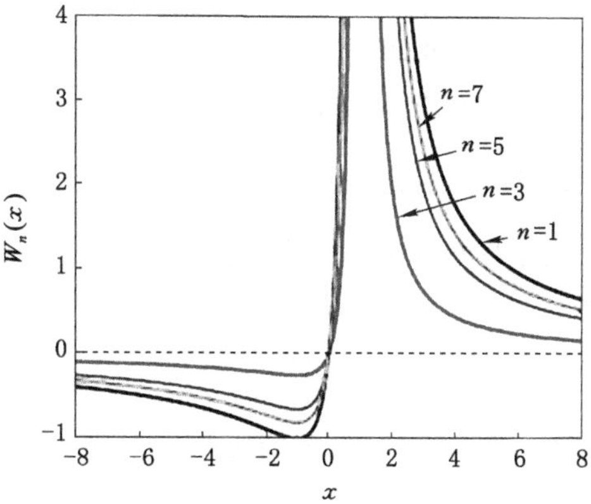

图 9.2　对于不同的 n，$W_n(x)$与非对称参数 x 之间的关系

$|x|\leqslant 1/2$ 区域出现，但对于一个时间反演对称性破坏的热电机而言，这两类效率是非常小的[29]。因此，应在 $|x|>1/2$ 区域寻求生态热机的性能优化。可以看出，规范化约束效率 $\bar{\eta}_E^b=\eta_E^b/\eta_c$ 相对于禁止区域(斜线区)具有不对称特征，$\bar{\eta}_E^b$ 随着 n 的增加而增强，如图 9.3 所示。

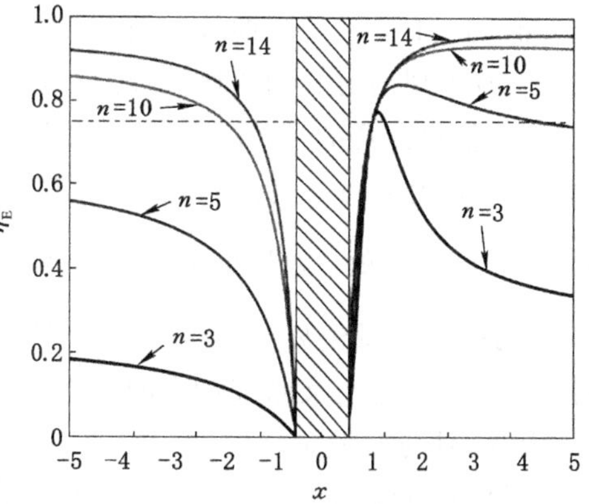

图 9.3　生态判据下，对于不同的 n，约束效率 $\bar{\eta}_E^b$ 与非对称参数 x 之间的关系
(斜线区是禁止区，虚线标记的数值为 3/4)

当 $x\leqslant -1/2$ 时，随着 $|x|$ 的增加，$\bar{\eta}_E^b$ 单调增加并最终保持在一个稳定值。但是当 $|x|>1/2$ 时，对于探针端较少的情况($n=3$ 和 $n=5$ 对应曲线)，$\bar{\eta}_E^b$ 首先增加，然后减小；在 $x=1$ 附近，$\bar{\eta}_E^b$ 有最大值。对于探针端较多的情况，$\bar{\eta}_E^b$ 单调增加并最终保持在一个稳定值($n=10$ 和 $n=14$ 对应曲线)。当 $x=1$ 时，生态判据

下 η_E^b 可以超越一个宏观内可逆机效率的普适值 $3\eta_c/4$（虚线）。特别当 $|x|>1$ 时，伴随着 n 与非对称参数 x 的增加，一个较大的约束效率可能被获得，这意味着时间反演对称性破坏与探针端的结合可以提供物理上允许的参数，进而增强介观热电机的性能。值得注意的是，当 $|x|\to\infty$ 时，$\eta_E^b=\eta_c\cos^2\left(\frac{\pi}{n}\right)$。对于任何大的但是有限的 n，约束效率均小于卡诺效率，这源于热力学第二定律的强烈限制。

同样，将式(9.28)代入式(9.11)，输出功率为

$$P_E=P_0\,\frac{(4x^2-1)y}{16x(y+1)} \tag{9.33}$$

特别是当 $y=W_n(x)$ 时，规范化的约束功率为

$$\bar{P}_E^b=\frac{P_E^b}{P_0}=\frac{\left(x^2-\frac{1}{4}\right)\cos^2\left(\frac{\pi}{n}\right)}{(x-1)^2+4x\cos^2\left(\frac{\pi}{n}\right)} \tag{9.34}$$

规范化的束缚功率 $\bar{P}_E^b$ 如图 9.4 所示，可以看到也会出现 $\bar{P}_E^b\leqslant 0$ 的禁止区，在禁止区的两侧，$\bar{P}_E^b$ 展示了不同的特征。在 $x\leqslant -1/2$ 区域，n 的增加会导致功率的增强。当探针端较少时($n=3,5$)，从图 9.4 可以发现，随着 $|x|$ 增加，$\bar{P}_E^b$ 单调增加。随着 n 的进一步增加，在 $x\leqslant -1/2$ 区域，$\bar{P}_E^b$ 具有非单调变化特征；随着 x 偏离 -1，存在局域最大值($n=10,14$ 对应曲线)。但是在 $x\geqslant 1/2$ 区域，随着探针端数目 n 的增加，$\bar{P}_E^b$ 没有展现出对 n 的明显依赖性。当 x 增加时，$\bar{P}_E^b$ 单调增加，直到达到一个稳定值。值得注意的是，在 $x\geqslant 1/2$ 区域，端子数 n 的增加并没有显著提高功率，这意味着原则上在 $x\leqslant -1/2$ 区域可以获得更大的功率和效率。$x\geqslant 1/2$ 并且，在极限 $|x|\to\infty$ 处，束缚功率 $\bar{P}_E^b$ 达到渐近值 $P_0\cos^2\left(\frac{\pi}{n}\right)$。特别地，当 x 在 $x<-1/2$ 的区域稍微偏离 -1 时，$\bar{P}_E^b$ 达到局部最大值，该最大值与探针端数目 n 有明显的关系。这与文献[27]中的结果不同，在文献[27]中，最大功率在 $x=1$ 时达到上限，且与 n 无关。

最后，借助于式(9.32)和式(9.34)，η_E^b 与 $\bar{P}_E^b$ 之间的关系表示为

$$\eta_E^b=\frac{\bar{P}_E^b+4A+4(\bar{P}_E^b)^2(4A-1)\pm\sqrt{4A(\bar{P}_E^b)^2[A+3\bar{P}_E^b+16(\bar{P}_E^b)^2(A-1)]}}{1+8\bar{P}_E^b(2\bar{P}_E^b+2A+1)} \tag{9.35}$$

其中 $A=\cos^2(\pi/n)$。很容易看出 η_E^b-$\bar{P}_E^b$ 的特征曲线呈现出闭合环状结构，且最大功率和最大效率点不一致，见图 9.5。

事实上，对于任何热机，功率和效率不可能在运作中同时达到最大值[49,50]，也就是说，人们可以获得最大效率，但功率仍然很低(图 9.5)，反之亦然。尽管

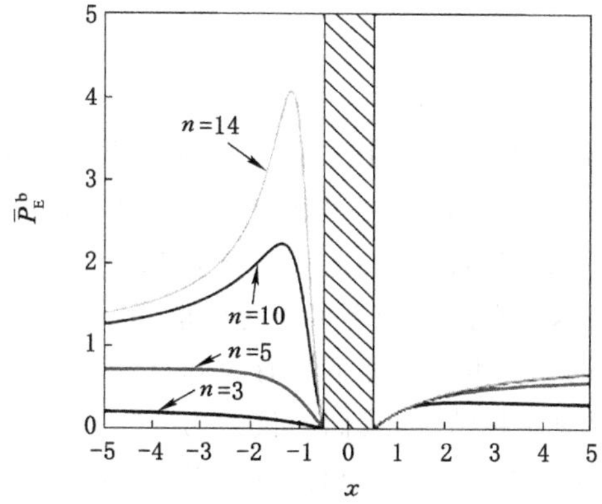

图 9.4　生态判据下，对于不同的 n，约束功率 $\bar{P}_E^b$ 与非对称参数 x 之间的关系（阴影区是禁止区）

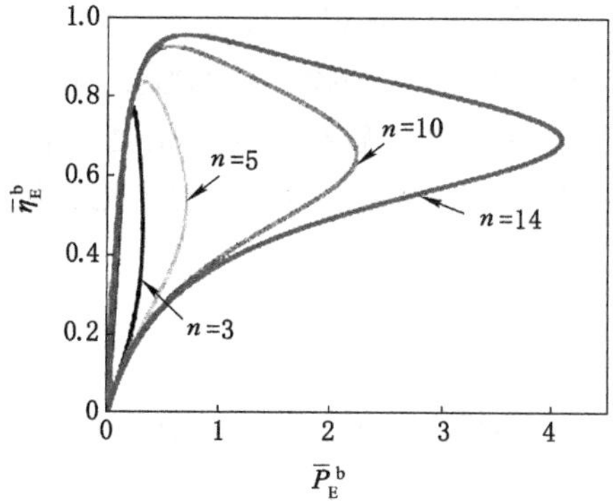

图 9.5　生态判据下，对于不同 n 的效率（$\bar{\eta}_E^b$）与功率（$\bar{P}_E^b$）曲线

存在如上所述事实，我们的优化准则从热经济角度出发在输出功率和效率之间取得平衡。因此，可以获得相对较好的性能。然而，有趣的是看到最大功率和局部最大效率都可以随着 n 增加而增加。物理上，这是因为探针端数目的增加诱导非弹性散射事件的增强，从而导致相干性破坏。因此，对动力学系数的强约束逐渐减弱[式(9.2)]，即增加探针端数目 n 有利于提高介观热电机在生态优化下的性能。

9.4 研究结论

优化介观热电机是热电工程应用中一个有趣的课题。在这个工作中，我们使用了昂萨格唯像公式研究了具有时间反演对称性破坏时介观热电机的性能优化。借助包含介观热电机有用信息的适当参数，构建了优化介观热电机性能生态优化函数，该函数显示了有用能和不可避免的能量损失之间的权衡，这提供了一个强有力的工具用以分析生态判据下具有时间反演对称性破坏时的热电机性能。首先，对于时间反演对称情况，我们不仅给出了生态判据下效率和功率的明确公式，优化的同时，而且澄清了宏观和介观热电系统各自的工作区域。研究发现，当违反 Wiedemann-Franz 定律时，可获得较大的优化效率。第二，当考虑时间反演对称性破坏时，我们进一步得到了生态判据下的约束效率和约束功率的表达式。这些表达式清楚地揭示了效率和功率存在禁区；但效率和功率在禁区的两侧表现出截然不同的行为。普适值 $3\eta_c/4$ 在生态准则下可以很容易地被超越，随着不对称参数 x 的增加，甚至可以实现更大的效率。与效率相比，功率没有表现出相同的变化。有趣的是，增加探针端的数量，有利于介观热电机性能的提高。此外，一个功率和效率之间的解析表达式清楚地表明了介观热电机的性能增强与探针端数量的关系。这些结果对有效地优化实际介观热电机具有一定的意义。

参考文献

[1] APERTET Y，OUERDANE H，GOUPIL C，et al. From local force-flux relationships to internal dissipations and their impact on heat engine performance：the illustrative case of a thermoelectric generator [J]. Physical Review B，2013，88(2)：022137.

[2] YAMAMOTO K，HATANO N. Thermodynamics of the mesoscopic thermoelectric heat engine beyond the linear-response regime [J]. Physical Review E，2015，92(4)：042165.

[3] WHITNEY R S. Thermodynamic and quantum bounds on nonlinear DC thermoelectric transport [J]. Physical Review B，2013，87(11)：115404.

[4] NAKPATHOMKUN N，XU H Q，LINKE H. Thermoelectric efficiency at maximum power in low-dimensional systems[J]. Physical Review B，2010，82(23)：235428.

[5] JARZYNSKI C. Equalities and inequalities: irreversibility and the second law of thermodynamics at the nanoscale[J]. Annual Review of Condensed Matter Physics, 2011, 2: 329-351.

[6] HORODECKI M, OPPENHEIM J. Fundamental limitations for quantum and nanoscale thermodynamics[J]. Nature Communications, 2013, 4: 2059.

[7] THIERSCHMANN H, SÁNCHEZ R, SOTHMANN B, et al. Three-terminal energy harvester with coupled quantum dots[J]. Nature Nanotechnology, 2015, 10(10): 854-858.

[8] LIU Y S, HSU B C, CHEN Y C. Effect of thermoelectric cooling in nanoscale junctions[J]. The Journal of Physical Chemistry C, 2011, 115(13): 6111-6125.

[9] LUDOVICO M F, BATTISTA F, VON OPPEN F, et al. Adiabatic response and quantum thermoelectrics for ac-driven quantum systems[J]. Physical Review B, 2016, 93(7): 075136.

[10] HUMPHREY T E, NEWBURY R, TAYLOR R P, et al. Reversible quantum Brownian heat engines for electrons[J]. Physical Review Letters, 2002, 89(11): 116801.

[11] O'DWYER M F, LEWIS R A, ZHANG C, et al. Electronic efficiency in nanostructured thermionic and thermoelectric devices[J]. Physical Review B, 2005, 72(20): 205330.

[12] KARBASCHI H, LOVÉN J, COURTEAUT K, et al. Nonlinear thermoelectric efficiency of superlattice-structured nanowires[J]. Physical Review B, 2016, 94(11): 115414.

[13] HERSHFIELD S, MUTTALIB K A, NARTOWT B J. Nonlinear thermoelectric transport: a class of nanodevices for high efficiency and large power output[J]. Physical Review B, 2013, 88(8): 085426.

[14] MURALIDHARAN B, GRIFONI M. Performance analysis of an interacting quantum dot thermoelectric setup[J]. Physical Review B, 2012, 85(15): 155423.

[15] ERDMAN P A, MAZZA F, BOSISIO R, et al. Thermoelectric properties of an interacting quantum dot based heat engine[J]. Physical Review B, 2017, 95(24): 245432.

[16] SOTHMANN B, SÁNCHEZ R, JORDAN A N. Thermoelectric

energy harvesting with quantum dots[J]. Nanotechnology,2015,26(3):032001.

[17] WHITNEY R S. Most efficient quantum thermoelectric at finite power output[J]. Physical Review Letters,2014,112(13):130601.

[18] WHITNEY R S. Finding the quantum thermoelectric with maximal efficiency and minimal entropy production at given power output[J]. Physical Review B,2015,91(11):115425.

[19] WHITNEY R S, KOSLOFF R. Quantum coherent three-terminal thermoelectrics: maximum efficiency at given power output [J]. Entropy,2016,18(6):208.

[20] BENENTI G,CASATI G,SAITO K,et al. Fundamental aspects of steady-state conversion of heat to work at the nanoscale[J]. Physics Reports,2017,694:1-124.

[21] ZHANG Y C, HUANG C K, LIN G X, et al. Universality of efficiency at unified trade-off optimization[J]. Physical Review E, 2016,93(3):032152.

[22] ENTIN-WOHLMAN O, JIANG J H, IMRY Y. Efficiency and dissipation in a two-terminal thermoelectric junction, emphasizing small dissipation[J]. Physical Review E,2014,89:012123.

[23] BEVILACQUA G, GROSSO G, MENICHETTI G, et al. Thermoelectric efficiency of nanoscale devices in the linear regime [J]. Physical Review B,2016,94(24):245419.

[24] JIANG J H. Thermodynamic bounds and general properties of optimal efficiency and power in linear responses[J]. Physical Review E,2014,90(4):042126.

[25] APERTET Y, OUERDANE H, GOUPIL C, et al. Irreversibilities and efficiency at maximum power of heat engines: the illustrative case of a thermoelectric generator[J]. Physical Review E, 2012, 85(3):031116.

[26] BENENTI G, SAITO K, CASATI G. Thermodynamic bounds on efficiency for systems with broken time-reversal symmetry [J]. Physical Review Letters,2011,106(23):230602.

[27] BRANDNER K,SEIFERT U. Bound on thermoelectric power in a magnetic field within linear response[J]. Physical Review E,2015,

91:012121.

[28] BRANDNER K, SEIFERT U. Multi-terminal thermoelectric transport in a magnetic field: bounds on Onsager coefficients and efficiency[J]. New Journal of Physics, 2013, 15(10): 105003.

[29] BRANDNER K, SAITO K, SEIFERT U. Strong bounds on Onsager coefficients and efficiency for three-terminal thermoelectric transport in a magnetic field [J]. Physical Review Letters, 2013, 110(7): 070603.

[30] BALACHANDRAN V, BENENTI G, CASATI G. Efficiency of three-terminal thermoelectric transport under broken time-reversal symmetry[J]. Physical Review B, 2013, 87(16): 165419.

[31] SAITO K, BENENTI G, CASATI G, et al. Thermopower with broken time-reversal symmetry[J]. Physical Review B, 2011, 84(20): 201306.

[32] IYYAPPAN I, PONMURUGAN M. Thermoelectric energy converters under a trade-off figure of merit with broken time-reversal symmetry [J]. Journal of Statistical Mechanics: Theory and Experiment, 2016: 093207.

[33] SÁNCHEZ-SALAS N, LÓPEZ-PALACIOS L, VELASCO S, et al. Optimization criteria, bounds, and efficiencies of heat engines[J]. Physical Review E, 2010, 82: 051101.

[34] ANGULO-BROWN F. An ecological optimization criterion for finite-time heat engines[J]. 1991, 69(11): 7465-7469.

[35] ARIAS-HERNANDEZ L A, ANGULO-BROWN F, PAEZ-HERNANDEZ R T. First-order irreversible thermodynamic approach to a simple energy converter[J]. Physical Review E, 2008, 77: 011123.

[36] WANG H, WU G X. Ecological optimization for generalized irreversible macro/nano thermosize engine[J]. Journal of Applied Physics, 2013, 113(5): 054309.

[37] LONG R, LI B D, LIU Z C, et al. Ecological analysis of a thermally regenerative electrochemical cycle[J]. Energy, 2016, 107: 95-102.

[38] UST Y, SAFA A, SAHIN B. Ecological performance analysis of an endoreversible regenerative Brayton heat-engine[J]. Applied Energy,

2005,80(3):247-260.

[39] TYAGI S K, KAUSHIK S C, SALOHTRA R. Ecological optimization and parametric study of irreversible Stirling and Ericsson heat pumps[J]. Journal of Physics D: Applied Physics, 35 (16):2058-2065.

[40] DING Z M,CHEN L G,SUN F R. Ecological optimization of energy selective electron (ESE) heat engine [J]. Applied Mathematical Modelling,2011,35(1):276-284.

[41] SAITO K, BENENTI G, CASATI G, et al. Thermopower with broken time-reversal symmetry[J]. Physical Review B,2011,84(20):201306.

[42] BALACHANDRAN V, BENENTI G, CASATI G. Efficiency of three-terminal thermoelectric transport under broken time-reversal symmetry[J]. Physical Review B,2013,87(16):165419.

[43] REN J,ZHU J X,GUBERNATIS J E,et al. Thermoelectric transport with electron-phonon coupling and electron-electron interaction in molecular junctions[J]. Physical Review B,2012,85(15):155443.

[44] KUBALA B,KÖNIG J,PEKOLA J. Violation of the Wiedemann-Franz law in a single-electron transistor[J]. Physical Review Letters, 2008,100(6):066801.

[45] TSAOUSIDOU M,TRIBERIS G P. Thermoelectric properties of a weakly coupled quantum dot: enhanced thermoelectricefficiency[J]. Journal of Physics:Condensed Matter,2010,22(35):355304.

[46] MAHAN G D , SOFO J O . The best thermoelectric [J]. Proceedings of the National Academy of Sciences of the United States of America,1996, 93 (15):7436-7439.

[47] ZIANNI X. Effect of electron-phonon coupling on the thermoelectric efficiency of single-quantum-dot devices [J]. Physical Review B, 2010,82(16):165302.

[48] TROCHA P, BARNA'S J. Large enhancement of thermoelectric effects in a double quantum dot system due to interference and Coulomb correlation phenomena [J]. Physical Review B, 2011, 85:085408.

[49] BAUER M,BRANDNER K,SEIFERT U. Optimal performance of

periodically driven, stochastic heat engines under limited control[J]. Physical Review E, 2016, 93: 042112.

[50] PROESMANS K, CLEUREN B, VAN DEN BROECK C. Power-efficiency-dissipation relations in linear thermodynamics[J]. Physical Review Letters, 2016, 116(22): 220601.

第 10 章　低耗散型热装置的生态优化

10.1　研究背景

直到现在，不论在理论上还是在实践方面，热机的性能分析仍然是热力学发展的重要组成部分。然而，热力学第二定律对所有热机的热功转换施加了一个基本的理论约束，即对于工作在温度为 T_h 和 T_c 两个热源之间的所有热机（$T_h>T_c$），卡诺效率（$\eta_c=1-T_c/T_h$）已成为这些热机效率的普遍上界。值得注意的是，基于卡诺循环的理想热机的缺乏实际应用价值，因为这些热机的输出功率为零。于是，寻找真实热机引起了人们的广泛关注，从而导致了有限时间热力学这一新的学科分支出现[1-5]。

在有限时间热力学中，热机（制冷机）主要有内可逆[5]、低耗散[6,7]、线性或最小非线性不可逆模型[8-11]、布朗模型[12,13]和量子模型[14-16]。在这些理论模型中，低耗散热机已成为一个范例，这主要由于其对一大类不可逆热机都具有效性。Esposito 等推导出了低耗散热机在最大功率输出时的效率，并给出了效率的上下界[6]，发现当模型的两个耗散系数对称时，低耗散模型可以再现 Curzon-Ahlborn 效率 $\eta_{CA}=1-\sqrt{T_c/T_h}$。Johal 讨论了低耗散模型与内可逆模型之间的关系，在最大功率条件下，指出了它们之间的相似点和不同点[17]。低耗散热机在最大功率输出时的局部稳定性可以提供有价值的信息以及热力学系统的动力学和能量行为[18]。在牛顿制冷定律下，低耗散热机的分析表明，低耗散模型的适用性需要仔细审查[19]。实际上，低耗散模型是一个类似卡诺热机（制冷机）的模型，已被广泛用于研究卡诺热装置的性能。

另一方面，热力学系统的性能优化对提高热功转化效率起着重要的作用。基于最大品质因子优化判据，对低耗散热装置的性能优化揭示了有趣的热力学行为[20]。Ryabov 等的工作给出了低耗散热装置在给定功率下一些物理原则[21]。在权衡优化下，低耗散热装置效率的边界已被明确确定[22]。此外，低耗散模型在权衡优化下的一些有价值的精微之处已被揭示[23]。以效率功作为目标函数，低耗散类卡诺热机的一些普适性特征揭示了其热力学优势[24]。以上结果表明，低耗散模型为理解热装置的热力学特性提供了一种有效的方法。值得注意的是,生态标准可以代表在功率输出和由于熵的产生导致的功率损失之间的一种折中,已经广泛用在能量转换器的性能优化上面[25-28]。生态函数表示为$E=P-T_0\sigma$(或$E=\dot{Q}_c-\varepsilon_c T_0\sigma$),其中$P(\dot{Q}_c)$为输出功率(制冷功率),$\varepsilon_c$为卡诺性能系数,$T_0$为环境温度,$\sigma$是熵的产生率。在生态判据下,热装置的一些有趣的热力学性质逐渐被发现。Arias-Hernandez等的生态学分析表明,最大的生态机制适合描述氧化磷酸化的性能[29]。此外,热机(制冷机)的生态优化为设计和操作现实生活中的热装置提供了实用的原理[30,31]。因此,生态判据可以为热力学系统的优化提供新的物理洞见。

然而,据我们所知,在生态准则下,低耗散热装置的热力学性能尚未得到探索。本章目的是利用生态判据充分研究低耗散热器件的性能优化问题。我们推导了输出功率(制冷功率)和效率(制冷系数)的一般公式,推导了效率(制冷系数)的热力学界限。此外,我们还揭示了生态判据下低耗散热器件的一些基本物理特性。

10.2　低耗散热机的生态优化

我们考虑的低耗散热机模型如图10.1所示,其中工作物质与两个热库(温度分别为T_h和T_c)交换热量。由于存在热转移过程,因此工质与两个热库的热交换满足如下方程

$$Q_h=T_h\Delta S-\frac{\sigma_h}{t_h} \tag{10.1}$$

$$Q_c=T_c\Delta S+\frac{\sigma_c}{t_c} \tag{10.2}$$

式中,$\Delta S>0$代表工质在等温过程中的准静态熵变;$t_h(t_c)$为工质在单循环周期内与高(低)温热源的接触时间;σ_h和σ_c含有不可逆的耗散信息。这个低耗散热机的功率可以表示为

$$P=\frac{Q_h-Q_c}{t}=\frac{\Delta T\Delta S}{t}-\left[\frac{\sigma_h}{\alpha}-\frac{\sigma_c}{(1-\alpha)}\right]\frac{1}{t^2} \tag{10.3}$$

其中,$t=t_h+t_c$是循环时间。定义时间分数α,则有$t_h=\alpha t$和$t_c=(1-\alpha)t$。低耗散热机的效率为

$$\eta=\frac{Q_h-Q_c}{Q_h}=1-\frac{T_h\Delta S-\dfrac{\sigma_h}{\alpha t}}{T_c\Delta S-\dfrac{\sigma_c}{(1-\alpha)t}} \tag{10.4}$$

这个低耗散热机的总熵变为

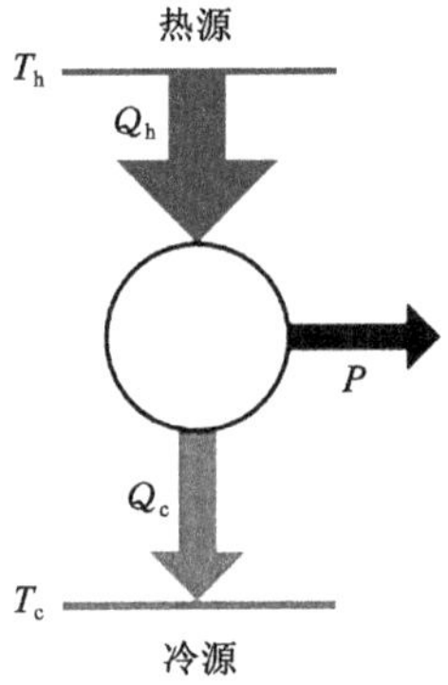

图 10.1 低耗散热机示意图

$$\Delta S_T=-\frac{Q_h}{T_h}+\frac{Q_c}{T_c}=\frac{\sigma_h}{T_h\alpha t}+\frac{\sigma_c}{T_c(1-\alpha)t} \tag{10.5}$$

于是，低耗散热机的熵产生率为

$$\sigma=\frac{\Delta S_T}{t}=\left[\frac{\sigma_h}{T_h\alpha}+\frac{\sigma_c}{T_c(1-\alpha)}\right]\frac{1}{t^2} \tag{10.6}$$

为了研究生态判据下低耗散热机的优化特征，借助于式(10.3)和式(10.6)，生态优化目标函数为

$$E=P-T_0\sigma=\frac{\Delta T\Delta S}{t}-\left[\frac{\sigma_h}{\alpha}-\frac{\sigma_c}{(1-\alpha)}\right]\frac{1}{t^2}-T_0\left[\frac{\sigma_h}{T_h\alpha}+\frac{\sigma_c}{T_c(1-\alpha)}\right]\frac{1}{t^2} \tag{10.7}$$

对于一个低耗散热机而言，其工作的环境温度为 T_0。Yan 分析了生态函数 $E=P-T_0\sigma$ 代表了输出功率与不可避免的能量损失 $T_0\sigma$ 之间的折中[31,32]。这里的 $T_0\sigma$ 源自环境导致的熵产生并且以热的形式被转移到两个热库之中。由于生态函数对于优化热机更为合理，它已被广泛应用于热装置的优化[30,33-35]。

通过令 $\partial E/\partial\alpha=0$ 和 $\partial E/\partial t=0$，则有

$$\alpha^*=\frac{a_1}{a_1+\sqrt{\gamma}a_2} \tag{10.8}$$

$$t^*=\frac{2\sigma_h(a_1+\sqrt{\gamma}a_2)^2}{\Delta T\Delta S} \tag{10.9}$$

其中，$a_1=\sqrt{1+T_0/T_h}$，$a_2=\sqrt{1+T_0/T_c}$ 和 $\gamma=\sigma_c/\sigma_h$。将式(10.8)和式(10.9)代入式(10.3)，优化的功率为

$$P^*=\frac{(\Delta T\Delta S)^2}{2\sigma_h(a_1+\sqrt{\gamma}a_2)^2}\left[1-\frac{1}{2a_1(a_1+\sqrt{\gamma}a_2)}-\frac{\sqrt{\gamma}}{2a_2(a_1+\sqrt{\gamma}a_2)}\right] \tag{10.10}$$

利用式(10.4),优化效率为

$$\eta^{*}=\eta_{c}\frac{2a_{1}a_{2}(a_{1}+\sqrt{\gamma}a_{2})-(a_{2}+\sqrt{\gamma}a_{1})}{2a_{1}a_{2}(a_{1}+\sqrt{\gamma}a_{2})-\eta_{c}a_{2}} \tag{10.11}$$

由于环境温度 T_0 是影响热机性能的重要参量,生态判据下的优化效率 η^* 与 T_0 之间的关系如图 10.2(a)所示。当 T_0 固定时,随着 γ 的增加,可以看到 η^* 快速增加,然后维持在一个稳定值保持不变,这意味着耗散比 γ 的增加并不能够导致 η^* 的增加。值得注意的是,T_0 的增加能够增强 η^*,这表明若想获得相当可观的效率,在实践上必须考虑环境因素。然而,当 T_0 固定并改变 T_c 时,η^* 与 γ 却呈现相反的行为[图 10.2(b)],这部分源于卡诺效率的减少。我们还发现,当 T_c 值较低时,较小的 γ 对 η^* 的减少并不剧烈,甚至随 T_c 的增加,η^* 对 γ 总是保持不变,如图 10.2(b)所示。因此,热库温度的适当选择是实现能量转换器优化的一个重要方面。值得注意的是,在图 10.2(a)中,优化效率 η^* 随着 T_0 的增加而增长,这似乎是违反直觉的。为了理解这些看似异常的行为,我们将式(10.7)和式(10.8)分别代入式(10.1)和式(10.6)。于是,我们可以得到如下表达式:

$$\widetilde{Q}_{h}^{*}=\frac{Q_{h}/t}{(\Delta T\Delta S)^{2}/(2\sigma_{h})}=\frac{1}{(a_{1}+\sqrt{\gamma}a_{2})^{2}}\left[\frac{1}{\eta_{c}}-\frac{1}{2a_{1}(a_{1}+\sqrt{\gamma}a_{2})}\right] \tag{10.12}$$

$$\tilde{\sigma}^{*}=\frac{T_{0}\sigma}{(\Delta T\Delta S)^{2}/(2\sigma_{h})}=\frac{1}{(a_{1}+\sqrt{\gamma}a_{2})^{3}}\left[\frac{T_{0}}{T_{h}a_{1}}+\frac{T_{0}\sqrt{\gamma}}{T_{c}a_{2}}\right] \tag{10.13}$$

$$\widetilde{P}^{*}=\frac{P^{*}}{(\Delta T\Delta S)^{2}/(2\sigma_{h})}=\frac{1}{(a_{1}+\sqrt{\gamma}a_{2})^{2}}\left[1-\frac{1}{2a_{1}(a_{1}+\sqrt{\gamma}a_{2})}-\frac{\sqrt{\gamma}}{2a_{2}(a_{1}+\sqrt{\gamma}a_{2})}\right] \tag{10.14}$$

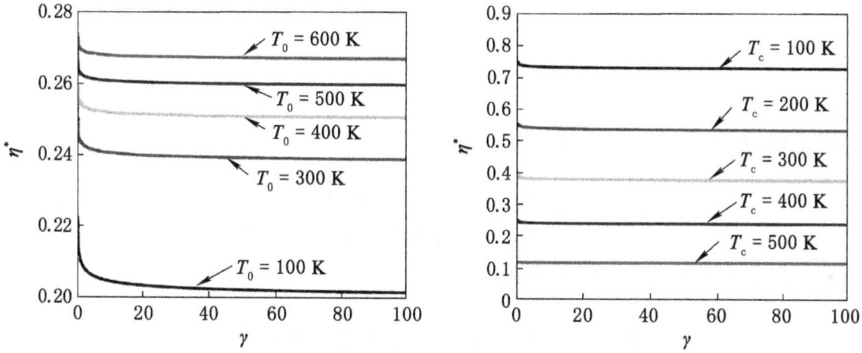

(a) 不同T_0, η^*与 γ 的函数关系(T_h = 600 K)　　(b) 不同T_c, η^*与 γ 的函数关系(T_0 = 400 K)

图 10.2　不同 T_0 和 T_c,η^* 与 γ 的函数关系

在图 10.3 中，我们给出了 $\widetilde{P}^*$、$\tilde{\sigma}^*$、$\widetilde{\dot{Q}}_h^*$ 和 η^* 与环境温度 T_0 的关系，其中 $\gamma=40$。事实上，T_0 依赖于外部环境[31,32]。随着 T_0 的增大，η^* 也随之增强，这与文献[31]的表述一致。然而，功率 $\widetilde{P}^*$ 和热流 $\widetilde{\dot{Q}}_h^*$ 均明显减小，如图 10.3(a)和图 10.3(b)所示。标度后的熵产率 $\tilde{\sigma}^*$ 呈现增加趋势。这意味着，尽管效率更高，但功率更小。输出功率小限制了热机的进一步应用。

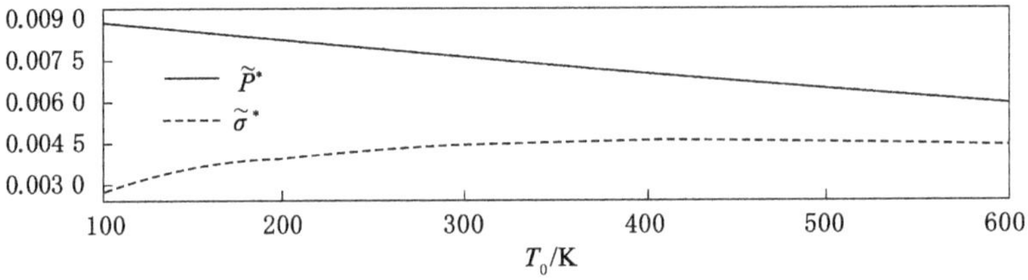

(a) $\widetilde{P}^*(\sigma^*)$与$T_0$的函数关系

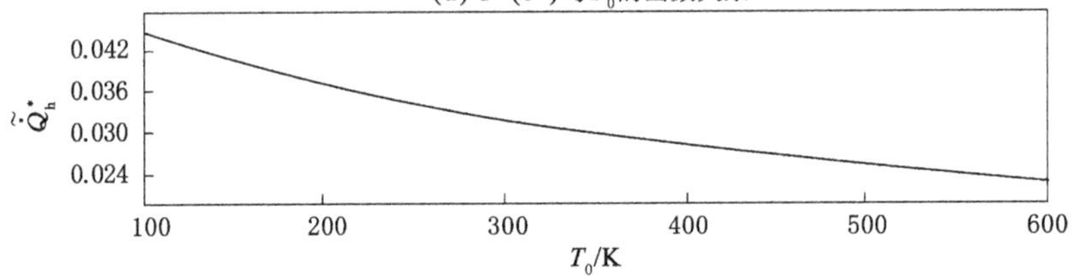

(b) $\widetilde{\dot{Q}}_h^*$与T_0的函数关系

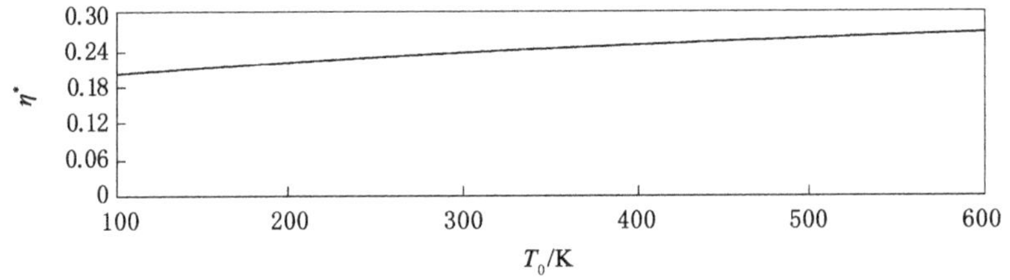

(c) η^*与T_0的函数关系

图 10.3

如果取 $T_0=T_c$，式(10.11)可以表示为

$$\eta^{*(c)}=\eta_c\frac{3\sqrt{(2-\eta_c)\gamma}-2\sqrt{2}\eta_c+3\sqrt{2}}{4\sqrt{(2-\eta_c)\gamma}-3\sqrt{2}\eta_c+4\sqrt{2}} \tag{10.15}$$

当 $\gamma\to\infty$ 和 $\gamma\to 0$ 时，$\eta^{*(c)}$ 的上下限为

$$\eta_-^{*(c)}=\frac{3}{4}\eta_c\leqslant\eta^{*(c)}\leqslant\frac{3-2\eta_c}{4-3\eta_c}\eta_c=\eta_+^{*(c)} \tag{10.16}$$

式(10.15)和式(10.16)可在文献[22]中找到。因为本书中的 γ 对应于文献[22]中的 $T_c\Sigma_c/T_h\Sigma_h$，文献[22]中的关系可以看作是我们这个一般结果的特例。值

得注意的是，文献[23]也报道了式(10.16)，那里的无量纲耗散系数不同于我们的定义。

对于对称性耗散 $\gamma=1$ 的情况，从式(10.15)我们可以得到

$$\eta^{*(c)}(\gamma=1)=\eta_c\frac{3\sqrt{(2-\eta_c)}-2\sqrt{2}\,\eta_c+3\sqrt{2}}{4\sqrt{(2-\eta_c)}-3\sqrt{2}\,\eta_c+4\sqrt{2}} \tag{10.17}$$

当 $T_0=T_h$ 时，优化效率 η^* 可以写为

$$\eta^{*(h)}=\eta_c\frac{3\sqrt{(1-\eta_c)(2-\eta_c)}-\sqrt{2\gamma}\eta_c+3\sqrt{2\gamma}}{(4-\eta_c)\sqrt{(1-\eta_c)(2-\eta_c)}-2\sqrt{2\gamma}\eta_c+4\sqrt{2\gamma}} \tag{10.18}$$

在非对称极限($\gamma\to\infty$ 和 $\gamma\to 0$)下，$\eta^{*(h)}$ 的上下限为

$$\eta_-^{*(h)}=\frac{(3-\eta_c)\eta_c}{2(2-\eta_c)}\leqslant\eta^{*(h)}\leqslant\frac{3\eta_c}{4-\eta_c}=\eta_+^{*(h)} \tag{10.19}$$

这个新的束缚在以前的文献中没有报道。当 $\gamma=1$ 时，式(10.18)变为

$$\eta^{*(h)}(\gamma=1)=\eta_c\frac{3\sqrt{(1-\eta_c)(2-\eta_c)}-\sqrt{2}\,\eta_c+3\sqrt{2}}{(4-\eta_c)\sqrt{(1-\eta_c)(2-\eta_c)}-2\sqrt{2}\,\eta_c+4\sqrt{2}} \tag{10.20}$$

为了进一步理解低耗散热机在生态优化下的热力学性能，当 γ 取不同值时，$\eta^{*(h)}$ 和 $\eta^{*(c)}$ 作为 η_c 的函数关系分别如图 10.4(a)和图 10.4(b)所示。当环境温度 $T_0=T_c$ 时，$\eta^{*(c)}$ 是 η_c 的单调递增函数。特别是当 η_c 大致大于 0.5 时，$\eta^{*(c)}$ 随 γ 的增加而减小。为了进行比较，在对称型耗散($\sigma_h=\sigma_c$)下[7]，低耗散热机在最大功率时效率 η_{mp} 如图 10.4 虚线所示。在图 10.4(a)中，生态判据下的 $\eta^{*(c)}$ 的明显优于 η_{mp}。有趣的是，当 $T_0=T_h$ 时，$\eta^{*(h)}$ 与 γ 无关，但是优于 η_{mp}[7]，如图 10.4(b)所示。从理论上讲，这些结果有助于确定热机的最佳工作区域。

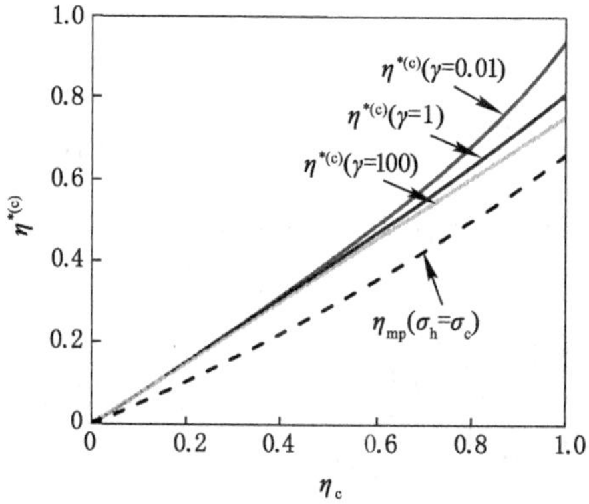

(a) $T_0=T_c$时，$\eta^{*(c)}$与卡诺效率η_c之间的关系

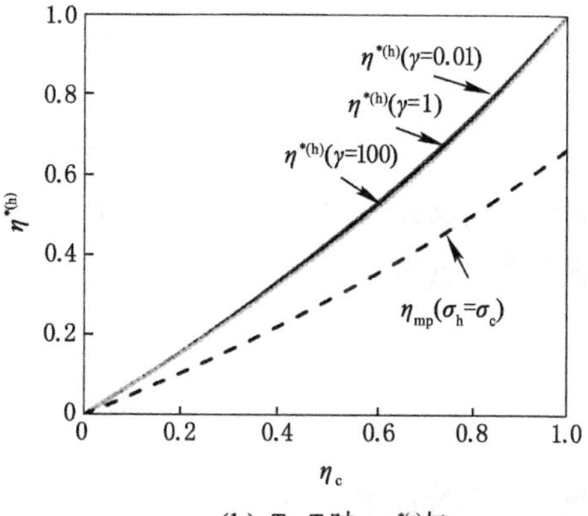

(b) $T_0=T_h$时，$\eta^{*(c)}$与卡诺效率η_c之间的关系

图 10.4　$\eta^{*(c)}$ 和 $\eta^{*(h)}$ 与 η_c 之间的关系

当 $T_0=T_h(T_0=T_c)$ 时，约束效率 $\eta_{\pm}^{*(h)}(\eta_{\pm}^{*(c)})$ 与卡诺效率 η_c 的关系如图 10.5 所示。当 $\gamma=1$ 时，$\eta^{*(h)}(\eta^{*(c)})$ 被局域在 $\eta_{-}^{*(h)}(\eta_{-}^{*(c)})$ 和 $\eta_{+}^{*(h)}(\eta_{+}^{*(c)})$ 之间。与 $\eta_{-}^{*(c)}$ 和 $\eta_{+}^{*(c)}$ 之间区域比较起来，对应 $T_0=T_h$ 时约束效率的区域非常狭窄。这意味着高环境温度下的优化效率在物理上可调控区域是相对有限的，但获得较大的优化效率也是可能的。

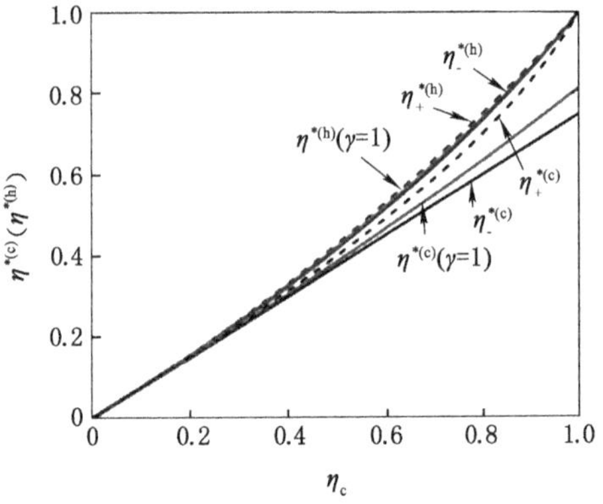

图 10.5　在非对称极限条件下，低耗散热机的约束效率与卡诺效率 η_c 之间的关系

10.3　低耗散制冷机的生态优化

低耗散制冷机模型如图 10.6 所示。类似于低耗散热机模型，工质与两个热库的热交换表达式为

$$Q_h=T_h\Delta S+\frac{\sigma_h}{t_h} \tag{10.21}$$

$$Q_c=T_c\Delta S-\frac{\sigma_c}{t_c} \tag{10.22}$$

制冷机的循环周期为 $t=t_h+t_c$，引入接触时间分数 $\beta=t_h/t$，于是 $t=\beta t+(1-\beta)t$。制冷系数表达式为

$$\varepsilon=\frac{Q_c}{Q_h-Q_c}=\frac{T_c\Delta S-\dfrac{\sigma_c}{(1-\beta)t}}{\Delta T\Delta S+\dfrac{\sigma_h}{\beta t}+\dfrac{\sigma_c}{(1-\beta)t}} \tag{10.23}$$

制冷机系统的熵产生率为

$$\sigma=\left(-\frac{Q_c}{T_c}+\frac{Q_h}{T_h}\right)\frac{1}{t}=\left[\frac{\sigma_h}{T_h\beta}+\frac{\sigma_c}{T_c(1-)\beta}\right]\frac{1}{t^2} \tag{10.24}$$

于是，生态函数表示为

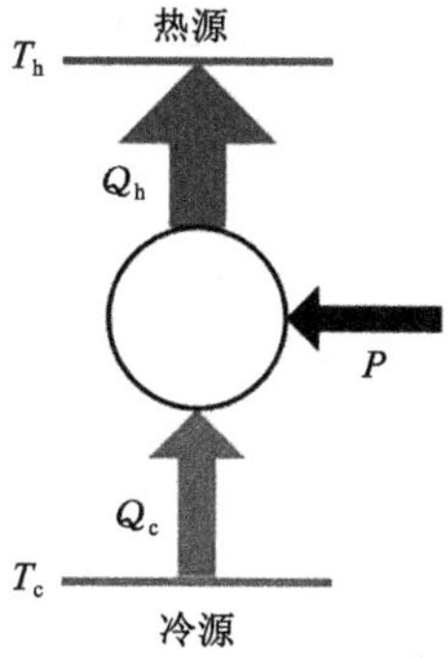

图 10.6　低耗散制冷机模型

$$E=\dot{Q}_c-\varepsilon_c T_0\sigma=\left[\frac{T_c\Delta S}{t}-\frac{\sigma_c}{(1-\beta)t^2}\right]-\varepsilon_c T_0\left[\frac{\sigma_h}{T_h\beta}+\frac{\sigma_c}{T_c(1-)\beta}\right]\frac{1}{t^2} \tag{10.25}$$

其中 $\varepsilon_c=T_c/(T_h-T_c)$ 为卡诺制冷系数。T_0 是制冷机工作的环境温度[36-39]。这样，$\varepsilon_c T_0\sigma$ 表示系统与环境之间产生的不可利用能[36-38]。

我们使用优化条件 $\partial E/\partial\beta=0$ 和 $\partial E/\partial t=0$，可得

$$\beta^*=\frac{\sqrt{\delta}b_1}{\sqrt{\delta}b_1+b_2} \tag{10.26}$$

$$t^*=\frac{2\sigma_c(\sqrt{\delta}b_1+b_2)^2}{T_c\Delta S} \tag{10.27}$$

这里 $b_1=\sqrt{\varepsilon_c T_0/T_h}$，$b_2=\sqrt{1+\varepsilon_c T_0/T_c}$，$\delta=\sigma_h/\sigma_c$。将式(10.26)和式(10.27)代入式(10.22)和式(10.23)中，可得制冷功率和制冷系数的具体形式如下

$$\dot{Q}_c^*=\frac{(T_c\Delta S)^2}{2\sigma_c(\sqrt{\delta}b_1+b_2)^2}\left[1-\frac{1}{2b_2(\sqrt{\delta}b_1+b_2)}\right] \tag{10.28}$$

$$\varepsilon^*=\varepsilon_c\frac{[2b_1b_2(\sqrt{\delta}b_1+b_2)-b_1]}{2b_1b_2(\sqrt{\delta}b_1+b_2)-\varepsilon_c(\sqrt{\delta}b_1+b_2)} \tag{10.29}$$

仿照低耗散热机的做法，对于不同的环境温度 T_0，优化制冷系数 ε^* 与 δ 之间的关系如图 10.7(a)所示。可以看到 ε^*-δ 之间的行为与图 10.2(a)相似。然而，随着 T_c 的增加，ε^* 与图 10.2(b)中的 η^* 行为相反。特别是随着 T_c 的增加，ε^* 的大小显著增加。在物理上，ε^* 与 η^* 不同行为源于热机与制冷机不同的几何结构。与图 10.2(a)的情况类似，ε^* 也随着 T_0 的增加而增加，见图 10.7(a)。为了理解这一现象，我们首先通过式(10.26)和式(10.27)得到输入功率 P 和不可利用能 $\varepsilon_c T_0\sigma$，即

$$P^{*}=\frac{Q_{\mathrm{h}}(t^{*},\beta^{*})-Q_{\mathrm{c}}(t^{*},\beta^{*})}{t^{*}}=\frac{(T_{\mathrm{c}}\Delta S)^{2}}{2\sigma_{\mathrm{c}}(\sqrt{\delta}b_{1}+b_{2})^{2}}\left[\frac{1}{\varepsilon_{\mathrm{c}}}+\left(\frac{\sqrt{\delta}}{b_{1}}+\frac{1}{b_{2}}\right)\frac{1}{2(\sqrt{\delta}b_{1}+b_{2})}\right] \tag{10.30}$$

$$\varepsilon_{\mathrm{c}}T\sigma^{*}=\frac{\varepsilon_{\mathrm{c}}(T_{\mathrm{c}}\Delta S)^{2}}{4\sigma_{\mathrm{c}}(\sqrt{\delta}b_{1}+b_{2})^{3}}\left(\frac{T_{0}\sqrt{\delta}}{T_{\mathrm{h}}b_{1}}+\frac{T_{0}\sqrt{\delta}}{T_{\mathrm{c}}b_{2}}\right) \tag{10.31}$$

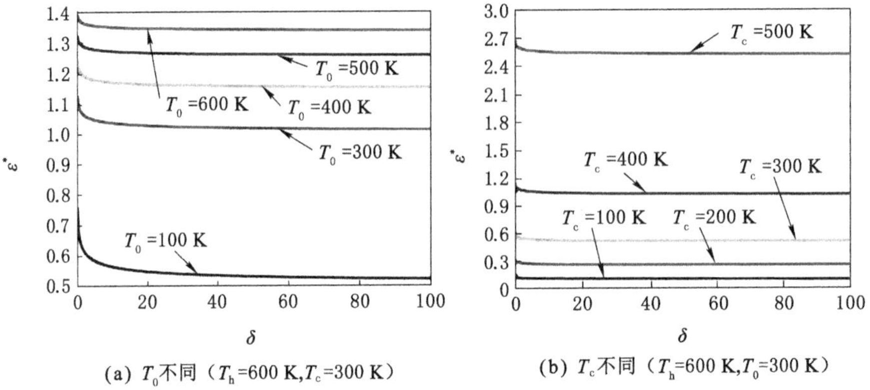

图 10.7　对于不同的 T_0 和 T_c，ε^* 与 δ 的函数关系

于是，重新标度后的 P^*、$T_0\varepsilon_c\sigma^*$ 和 $\dot{Q}_c^*$ 为

$$\widetilde{P}^{*}=\frac{P^{*}}{(T_{\mathrm{c}}\Delta S)^{2}/(2\sigma_{\mathrm{c}})}=\frac{1}{(\sqrt{\delta}b_{1}+b_{2})^{2}}\left[\frac{1}{\varepsilon_{\mathrm{c}}}+\left(\frac{\sqrt{\delta}}{b_{1}}+\frac{1}{b_{2}}\right)\frac{1}{2(\sqrt{\delta}b_{1}+b_{2})}\right] \tag{10.32}$$

$$\tilde{\sigma}^{*}=\frac{\varepsilon_{\mathrm{c}}T\sigma^{*}}{\varepsilon_{\mathrm{c}}(T_{\mathrm{c}}\Delta S)^{2}/(4\sigma_{\mathrm{c}})}=\frac{1}{(\sqrt{\delta}b_{1}+b_{2})^{3}}\left(\frac{T_{0}\sqrt{\delta}}{T_{\mathrm{h}}b_{1}}+\frac{T_{0}\sqrt{\delta}}{T_{\mathrm{c}}b_{2}}\right) \tag{10.33}$$

$$\widetilde{\dot{Q}}_{\mathrm{c}}^{*}=\frac{\dot{Q}_{\mathrm{c}}^{*}}{(T_{\mathrm{c}}\Delta S)^{2}/(2\sigma_{\mathrm{c}})}=\frac{1}{(\sqrt{\delta}b_{1}+b_{2})^{2}}\left[1-\frac{1}{2b_{2}(\sqrt{\delta}b_{1}+b_{2})}\right] \tag{10.34}$$

图 10.8 呈现了 $\widetilde{P}^*$、$\tilde{\sigma}^*$、$\widetilde{\dot{Q}}_c^*$ 和 ε^* 与环境温度 T_0 的关系，其中 $\delta=40$。从图 10.8 中可以看出，随着 T_0 的增加，ε^* 随之增强；但是制冷功率 $\widetilde{\dot{Q}}_c^*$ 明显降低。可见，这种小的制冷功率不利于实践应用。

当 $T_0=T_c$ 时，由式(10.29)可得

$$\varepsilon^{*(c)}=\varepsilon_{\mathrm{c}}\frac{2\sqrt{\delta}\varepsilon_{\mathrm{c}}+2\varepsilon_{\mathrm{c}}+1}{3\sqrt{\delta}\varepsilon_{\mathrm{c}}+3\varepsilon_{\mathrm{c}}+2+\sqrt{\delta}} \tag{10.35}$$

在非对称极限下（$\delta\to0$ 和 $\delta\to\infty$），从式(10.35)可知

$$\varepsilon_{-}^{*(c)}=\frac{2\varepsilon_{\mathrm{c}}}{3\varepsilon_{\mathrm{c}}+1}\varepsilon_{\mathrm{c}}\leqslant\varepsilon^{*(c)}\leqslant\frac{2\varepsilon_{\mathrm{c}}+1}{3\varepsilon_{\mathrm{c}}+2}\varepsilon_{\mathrm{c}}=\varepsilon_{+}^{*(c)} \tag{10.36}$$

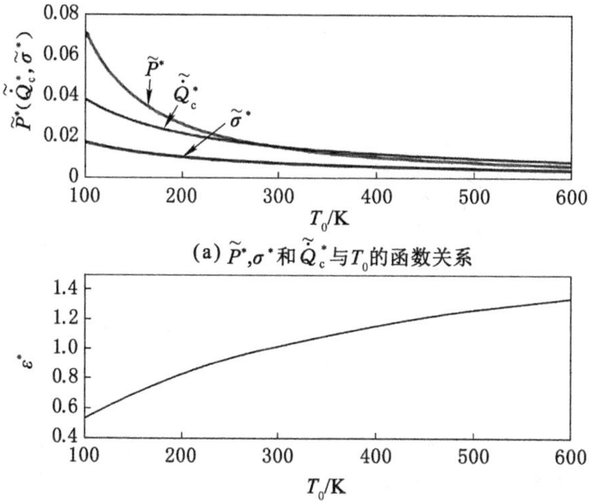

(a) $\tilde{P}^*$,σ^*和$\tilde{\dot{Q}}_c^*$与T_0的函数关系

(b) ε^*与T_0的函数关系

图 10.8

这个束缚制冷系数的界限在其他文献中没有被报道过。进一步，当 $\delta=1$ 时，式(10.35)约化为

$$\varepsilon^{*(c)}(\delta=1)=\frac{4\varepsilon_c+1}{6\varepsilon_c+3}\varepsilon_c \tag{10.37}$$

当 $T_0=T_h$ 时，式(10.29)变为

$$\varepsilon^{*(h)}=\varepsilon_c\frac{2\sqrt{\delta\varepsilon_c(2+\varepsilon_c)}+2\varepsilon_c+3}{3\sqrt{\delta\varepsilon_c(2+\varepsilon_c)}+3\varepsilon_c+4} \tag{10.38}$$

考虑非对称极限($\delta\to0$ 和 $\delta\to\infty$)，可得

$$\varepsilon_-^{*(h)}=\frac{2}{3}\varepsilon_c\leqslant\varepsilon^*\leqslant\frac{(2\varepsilon_c+3)}{3\varepsilon_c+4}\varepsilon_c=\varepsilon_+^{*(h)} \tag{10.39}$$

由于 $\delta=T_h\Sigma_h/T_c\Sigma_c$，这样，我们再现了文献[22]的制冷系数及其束缚。同样，在对称极限条件下($\delta=1$)，通过式(10.38)可以得到如下公式

$$\varepsilon^{*(h)}(\delta=1)=\varepsilon_c\frac{2\sqrt{\varepsilon_c(2+\varepsilon_c)}+2\varepsilon_c+3}{3\sqrt{\varepsilon_c(2+\varepsilon_c)}+3\varepsilon_c+4} \tag{10.40}$$

对于不同的 δ，$\varepsilon^{*(c)}$ 与卡诺制冷系数 ε_c 之间的关系如图 10.9 所示。当 $T_0=T_c$ 时，$\varepsilon^{*(c)}$ 是 ε_c 的增函数，并且 $\varepsilon^{*(c)}$ 的三条曲线具有重合现象[图 10.9(a)]。当 $\sigma_h=\sigma_c$ 时，最大品质因子条件下的制冷系数[40]为

$$\varepsilon_\chi=\frac{1}{4}(\sqrt{9+16\varepsilon_c}-3) \tag{10.41}$$

值得注意的是 $\varepsilon^{*(c)}$ 显著大于 ε_χ[图 10.9(a)中的虚线]。在图 10.9(b)中呈现了 $\varepsilon^{*(h)}$ 与 ε_c 的关系，可以看到 $\varepsilon^{*(h)}$ 与 δ 的变化无关，并且 $\varepsilon^{*(h)}$ 明显超过 ε_χ。

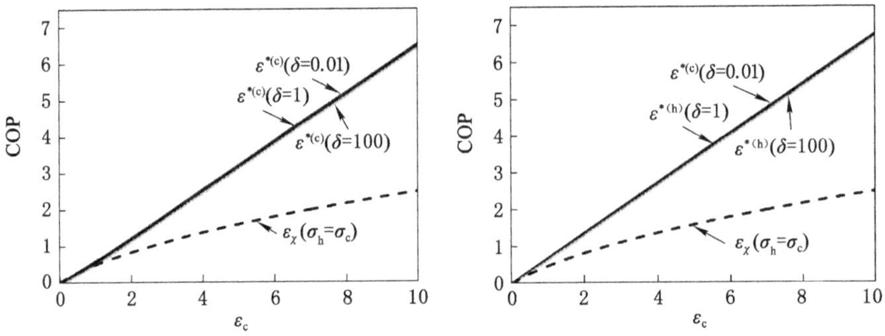

(a) 当 $T_0=T_c$ 时，对于不同的 δ，$\varepsilon^{*(c)}$ 与卡诺制冷系数 ε_c 之间的关系

(b) 当 $T_0=T_h$ 时，对于不同的 δ，$\varepsilon^{*(h)}$ 与卡诺制冷系数 ε_c 之间的关系

图 10.9

与低耗散热机的情况不同，当 $T_0=T_h$ 和 $T_0=T_c$ 时，低耗散制冷机的制冷系数的束缚是 ε_c 的线性递增函数，但束缚区域较窄，如图 10.10 所示。这些优化特性可用于各种实际应用中的能量转换器。

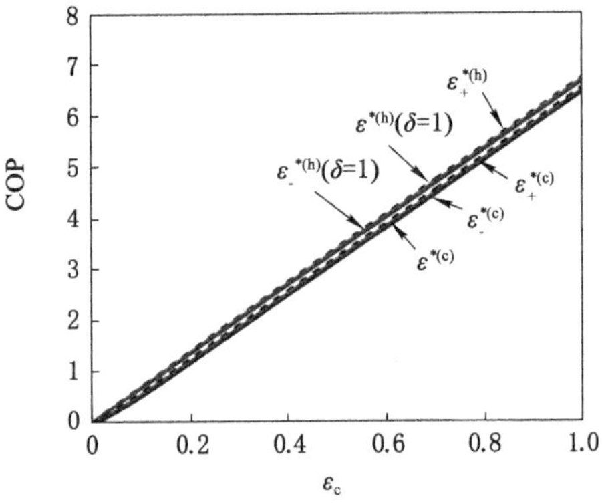

图 10.10 在非对称极限条件下，低耗散制冷机制冷系数的束缚与卡诺制冷系数 ε_c 之间的关系

10.4 研究结论

综上所述，我们通过热力学量构建生态函数，研究了低耗散热装置生态优化

特征。对于低耗散热机，我们解析地得到了效率及其束缚边界。研究发现环境温度的升高有利于效率的提高，但随着冷库温度 T_c 的升高，效率随之降低。减小耗散比 γ 可以提高 $T_0=T_c$ 时的效率，但几乎不能改变 $T_0=T_h$ 时的效率。另外，效率的两个边界区域清楚地显示了可以通过选择合适的工作区域来提高热机的性能。对于低耗散制冷机，表达式与低耗散热机的生态判据有很大的不同。和热机情况类似，我们得到了生态优化条件下的制冷系数及其束缚边界。可以看到，T_0 和 T_c 的增加可以增强制冷系数。然而，δ 的变化不能显著地扩大优化空间，这也反映选择不同 T_0 时制冷系数的束缚区域。重要的是，我们的结果可以看作是对早期低耗散热器件权衡优化结果的推广。当考虑环境影响时，以上结果为在不同优化空间内操作实际热装置提供了有价值的指导。

参考文献

[1] ANDRESEN B. Current trends in finite-time thermodynamics[J]. Angewandte Chemie International Edition,2011,50(12):2690-2704.

[2] ANDRESEN B, SALAMON P. Future perspectives of finite-time thermodynamics[J]. Entropy,2022,24(5):690.

[3] KAUSHIK S C,TYAGI S K,KUMAR P. Finite time thermodynamics of power and refrigeration cycles[M]. Cham:Springer,2017.

[4] VAUDREY A, LANZETTA F, FEIDT M H B. Reitlinger and the origins of the efficiency at maximum powerformula for heat engines [J]. Journal of Non-Equilibrium Thermodynamics, 2014, 39 (4): 199-203.

[5] CURZON F L, AHLBORN B. Efficiency of a Carnot engine at maximum power output[J]. American Journal of Physics, 1975, 43 (1):22-24.

[6] ESPOSITO M, KAWAI R, LINDENBERG K, et al. Efficiency at maximum power of low-dissipation Carnot engines [J]. Physical Review Letters,2010,105(15):150603.

[7] VAN DEN BROECK C. Efficiency at maximum power in the low-dissipation limit[J]. EPL (Europhysics Letters),2013,101(1):10006.

[8] VAN DEN BROECK C. Thermodynamic efficiency at maximum power[J]. Physical Review Letters,2005,95(19):190602.

[9] JIMÉNEZ DE CISNEROS B, HERNÁNDEZ A C. Collective working regimes for coupled heat engines[J]. Physical Review Letters,2007,98

(13):130602.

[10] IZUMIDA Y,OKUDA K. Efficiency at maximum power of minimally nonlinear irreversible heat engines[J]. EPL (Europhysics Letters), 2012,97(1):10004.

[11] IZUMIDA Y, OKUDA K, ROCO J M M, et al. Heat devices in nonlinear irreversible thermodynamics[J]. Physical Review E,2015, 91(5):052140.

[12] SCHMIEDL T, SEIFERT U. Efficiency at maximum power: an analytically solvable model for stochastic heat engines [J]. EPL (Europhysics Letters),2008,81(2):20003.

[13] PROESMANS K, DREHER Y, GAVRILOV M, et al. Brownian duet:a novel tale of thermodynamic efficiency[J]. Physical Review X,2016,6(4):041010.

[14] ESPOSITO M, LINDENBERG K, VAN DEN BROECK C. Thermoelectric efficiency at maximum power in a quantum dot[J]. EPL (Europhysics Letters),2009,85(6):60010.

[15] ESPOSITO M, KAWAI R, LINDENBERG K, et al. Quantum-dot Carnot engine at maximum power[J]. Physical Review E, 2010, 81 (4):041106.

[16] WHITNEY R S. Finding the quantum thermoelectric with maximal efficiency and minimal entropy production at given power output[J]. Physical Review B,2015,91(11):115425.

[17] JOHAL R S. Heat engines at optimal power: low-dissipation versus endoreversible model[J]. Physical Review E,2017,96:012151.

[18] REYES-RAMÍREZ I, GONZALEZ-AYALA J, CALVO HERNÁNDEZ A, et al. Local-stability analysis of a low-dissipation heat engine working at maximum power output[J]. Physical Review E,2017,96(4):042128.

[19] YAN H, GUO H. Efficiency and its bounds for thermal engines at maximum power using Newton's law of cooling[J]. Physical Review E,2012,85:011146.

[20] CALVO HERNÁNDEZ A, MEDINA A, ROCO J M. Time, entropy generation, and optimization in low-dissipation heat devices[J]. New Journal of Physics,2015,17(7):075011.

[21] RYABOV A, HOLUBEC V. Maximum efficiency of steady-state heat engines at arbitrary power [J]. Physical Review E, 2016, 93(5):050101.

[22] DE TOMAS C, ROCO J M M, HERNÁNDEZ A C, et al. Low-dissipation heat devices: unified trade-off optimization and bounds [J]. Physical Review E, 2013, 87:012105.

[23] GONZALEZ-AYALA J, CALVO HERNÁNDEZ A, ROCO J M. From maximum power to a trade-off optimization of low-dissipation heat engines: influence of control parameters and the role of entropy generation[J]. Physical Review E, 2017, 95:022131.

[24] SINGH V, JOHAL R S. Low-dissipation Carnot-like heat engines at maximum efficient power [J]. Physical Review E, 2018, 98(6):062132.

[25] ANGULO-BROWN F. An ecological optimization criterion for finite-time heat engines[J]. Journal of Applied Physics, 1991, 69(11):7465-7469.

[26] AÇıKKALP E. Analysis of a Brownian heat engine with ecological criteria[J]. The European Physical Journal Plus, 2016, 131(12):426.

[27] WANG H, WU G X. Ecological optimization for generalized irreversible macro/nano thermosize engine[J]. Journal of Applied Physics, 2013, 113(5):054309.

[28] TYAGI S K, KAUSHIK S C, SALOHTRA R. Ecological optimization and parametric study of irreversible Stirling and Ericsson heat pumps[J]. Journal of Physics D: Applied Physics, 2002, 35(16):2058-2065.

[29] ARIAS-HERNANDEZ L A, ANGULO-BROWN F, PAEZ-HERNANDEZ R T. First-order irreversible thermodynamic approach to a simple energy converter [J]. Physical Review E, 2008, 77(1):011123.

[30] LONG R, LIU W. Ecological optimization for general heat engines [J]. Physica A: Statistical Mechanics and Its Applications, 2015, 434:232-239.

[31] YAN Z J. Comment on "An ecological optimization criterion for finite-time heat engines"[J]. Journal of Applied Physics, 1993, 73(7):3583.

[32] YAN Z J. Comment on "a general property of endoreversible thermal engines"[J]. Journal of Applied Physics, 2001, 89(2): 1518-1519.

[33] CHENG C Y, CHEN C K. The ecological optimization of an irreversible Carnot heat engine[J]. Journal of Physics D: Applied Physics, 1997, 30(11): 1602-1609.

[34] CHENG C Y, CHEN C K. Ecological optimization of an irreversible Brayton heat engine[J]. Journal of Physics D: Applied Physics, 1999, 32(3): 350-357.

[35] TYAGI S K, KAUSHIK S C, SALHOTRA R. Ecological optimization and performance study of irreversible Stirling and Ericsson heat engines[J]. Journal of Physics D: Applied Physics, 2002, 35(20): 2668-2675.

[36] LONG R, LIU W. Ecological optimization and coefficient of performance bounds of general refrigerators[J]. Physica A: Statistical Mechanics and Its Applications, 2016, 443: 14-21.

[37] YAN Z J, CHEN L X. Optimization of the rate of exergy output for an endoreversible Carnot refrigerator[J]. Journal of Physics D: Applied Physics, 1996, 29(12): 3017-3021.

[38] TYAGI S K, TYAGI S K, CHEN J C, et al. Ecological optimization of an irreversible Ericsson cryogenic refrigerator cycle[J]. International Journal of Energy Research, 2005, 29: 1191.

[39] YAN Z J, LIN G X. Ecological optimization criterion for an irreversible three-heat-source refrigerator[J]. Applied Energy, 2000, 66(3): 213-224.

[40] JOHAL R S. Performance optimization of low-dissipation thermal machines revisited[J]. Physical Review E, 2019, 100: 052101.

第 11 章　非线性不可逆热器件的生态优化

11.1　研究背景

为了提高热机的性能，人们在热力学方面做了大量的工作，其目的是理解各种热机的热功转换机制。然而，根据热力学第二定律，所有热机的效率都受到卡诺效率（$\eta_c = 1 - T_c/T_h$）的限制，这里 T_h 和 T_c 分别是热源和冷源的温度。众所周知，卡诺热机在准静态状态下工作，导致其输出功率为零。因此，探索在有限时间内工作的热装置更为实际。作为经典热力学的重要修正，有限时间热力学应运而生。它是非平衡态热力学的一个新分支[1,2]，扩展了不可逆热力学的范围。由于有限时间热力学对优化实际热装置具有重要意义，因此引起了广泛的研究兴趣[3-6]。

由于可持续发展的需要，以有限循环时间工作的能量转换器的核心问题在于找出优化实际热装置的有效方法。一些工作主要聚焦于最大功率时的效率，但最大功率和最大效率通常出现在不同的操作区域。因此，无法在热机以最大功率输出时获得最大效率[7-12]。Ryabov 和 Holubec 的研究表明，当热机的功率稍微偏离最大功率时，热机能够以最大效率工作[13,14]。对于给定制冷功率下的低耗散制冷机而言，当制冷功率略小于其最大值时，制冷系数呈现出快速非线性增加[15]。以效率功作为目标函数[16]，最大效率功时的效率高于最大功率时的效率。在规避环境温度的背景下，权衡优化方法代表了能量收益和损失之间的折中，这种方法被用来优化一些热装置的性能[17]，并揭示了一些有趣的结果[18-22]。然而，当热机工作在一个特定的环境温度（T_0）下，Angulo-Brown 提出了生态判据以实现优化能量转换器[23]。Yan 等详细分析了 Angluo-Brown 的生态函数，并提出了更为合理的生态判据[24-26]。对于热机而言，生态判据 $E = P - T_0\sigma$ 代表了输出功率 P 和功率损失 $T_0\sigma$ 之间的折中，$T_0\sigma$ 源自热机与环境之间的熵产生率 σ。对于制冷机而言，$E = \dot{Q}_c - \varepsilon_c T_0\sigma$ 表示制冷功率 $\dot{Q}_c$ 与制冷功率损失 $\varepsilon_c T_0\sigma$ 之间的折中，其中 $\varepsilon_c = T_c/(T_h - T_c)$ 为卡诺制冷系数。与 Ω 判据不同（这个判据不考虑环境温度）[18]，生态判据更为合理地考虑了环境因素（环境温度 T_0）。基于生态判据，Tyagi 等研究了 Stirling 循环与 Ericsson 循环热机[27]，他们详细分析了环境温度与两个热库温度对于热循环效率的影响。一个不可逆 Brayton 热机的生态优化为设计实际 Brayton 热机提供了一个重要标准[28]。借助于生态判据，Chen 等研究了一个伴有热损失的广义不可逆卡诺制冷机，它们的结果表明可以通过降低制冷率的损失来增强制冷系数[29]。同时，一些其他的关于热机（制冷机）的生态优化研究报告帮助我们更好地理解热装置的性能[30-34]。

另一方面，通过对线性不可逆热力学加一个二阶项，Izumida 与 Okuda 提出了最小非线性不可逆热装置的模型[35-37]，这被认为是线性不可逆热力学的推广。在给定功率取极限，最小非线性不可逆热机的效率及其束缚被系统研究[38]。借助于 Ω 判据，最小非线性热器件的性能优化可以为探索实际热器件提供更有见地的视角[39]。最小非线性不可逆热机的功率、效率和耗散之间的一般关系已被确立[40]，这可以帮助我们理解最小非线性不可逆热机的基本性能参数之间的相互关系。由于外部环境是影响热机性能的重要因素，然而，据我们所知，迄今为止，关于环境温度如何影响最小非线性不可逆热机（制冷机）的性能，我们所知甚少。因此，这激发了我们借助生态目标函数来探索最小非线性不可逆热装置的性能优化。我们推导了最小非线性不可逆热机（制冷机）效率的一般公式，而且得到了效率的热力学界限。此外，本章还阐述了具有生态判据的最小非线性不可逆热装置的一些基本物理特性，与以往权衡优化方法相比较，我们的结果更具有普遍意义。

11.2 最小非线性不可逆热机的生态优化

对于一个工作在一定环境下的普通热机而言，我们用 $\dot{Q}_h$ 表示工质从高温热库（温度 T_h）吸收的热流，用 $\dot{Q}_c$ 表示工质向低温热库（温度 T_c）释放的热流。在线性不可逆热力学的框架下，热力学的流与力之间满足如下的昂萨格方程

$$J_1=\dot{x}=L_{11}A_1+L_{12}A_2 \tag{11.1}$$

$$J_2=\dot{Q}_h=L_{21}A_1+L_{22}A_2 \tag{11.2}$$

这里 $L_{ij}(i,j=1,2)$ 是昂萨格系数，且满足互易关系 $L_{12}=L_{21}$。定义与外力 F 共轭的变量为 x[8]。与热力学流 $J_1=\dot{x}$（可以理解为活塞的运动速度）对应的热力学力为 $A_1=-F/T_c$，其中“ · ”代表对时间的微分。$A_2=1/T_c-1/T_h$ 代表另一个热力学力。根据式(11.1)，由功率的定义 $P=-T_cJ_1A_1$，可以将功率表示为

$$P=\frac{L_{21}}{L_{11}}\eta_c J_1-\frac{T_c}{L_{11}}J_1^2 \tag{11.3}$$

Izumida 与 Okuda 拓展了式(11.1)和式(11.2)描述的物理模型，引入了最

小非线性不可逆热机模型，具体的形式如下

$$J_1=\dot{x}=L_{11}A_1+L_{12}A_2 \tag{11.4}$$

$$J_2=\dot{Q}_h=L_{21}A_1+L_{22}A_2-\gamma_h J_1^2 \tag{11.5}$$

这里 γ_h 是指由于热源导致的耗散强度。注意，在最小非线性不可逆模型中（图 11.1），昂萨格系数 $L_{ij}(i,j=1,2)$ 中的互易关系 $L_{12}=L_{21}$ 依然成立，并且昂萨格系数依然满足 $L_{11}\geqslant 0$，$L_{22}\geqslant 0$，$L_{11}L_{22}-L_{12}L_{21}\geqslant 0$。$\dot{Q}_c$ 可以表示为

$$\dot{Q}_c=\dot{Q}_h-P=\frac{L_{21}T_c}{L_{11}T_h}J_1+L_{22}(1-q^2)A_2+\gamma_c J_1^2 \tag{11.6}$$

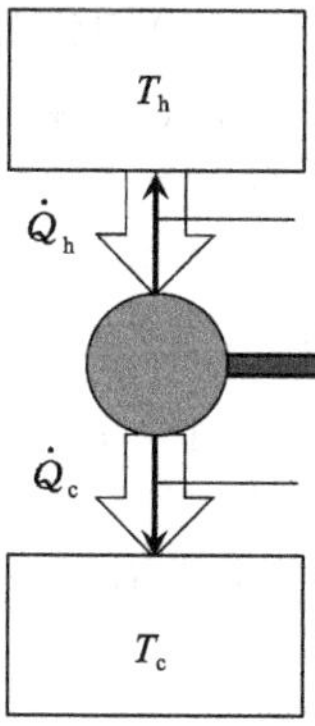

图 11.1　最小非线性不可逆热机示意图

这里 $q=L_{21}/\sqrt{L_{11}L_{22}}$ 表示耦合强度（$|q|\leqslant 1$），$\gamma_c=T_c/L_{11}-\gamma_h>0$ 指的是由于冷源导致的耗散强度。最小非线性不可逆热机的熵产生率为

$$\sigma=-\frac{\dot{Q}_h}{T_h}+\frac{\dot{Q}_c}{T_c}=L_{22}(1-q^2)A_2^2+\frac{\gamma_h}{T_h}J_1^2+\frac{\gamma_c}{T_c}J_1^2 \tag{11.7}$$

为了研究生态判据下最小非线性不可逆热机的特征，我们引入生态函数为

$$E=P-T_0\sigma=\frac{L_{21}}{L_{11}}\eta_c J_1-\frac{T_c}{L_{11}}J_1^2-T_0\left[L_{22}(1-q^2)A_2^2+\frac{\gamma_h}{T_h}J_1^2+\frac{\gamma_c}{T_c}J_1^2\right] \tag{11.8}$$

令$\partial E/\partial J_1=0$，我们得到

$$J_1^*=\frac{\eta_c L_{12}/L_{11}}{2\left[T_c/L_{11}+T_0\left(\frac{\gamma_h}{T_h}+\frac{\gamma_c}{T_c}\right)\right]} \tag{11.9}$$

于是，生态判据下的优化效率为

$$\eta_E=\frac{P(J_1^*)}{\dot{Q}_h(J_1^*)}=\frac{\eta_c(\theta+2T_0\Theta)}{2(\theta+T_0\Theta)+\frac{4}{\theta}(q^{-2}-1)(\theta+T_0\Theta)^2-\eta_c} \tag{11.10}$$

其中 $\theta=1+\gamma_c/\gamma_h$，$\Theta=1/T_h+(\theta-1)/T_c$。由于 $\gamma_c=T_c/L_{11}-\gamma_h>0$，可得 $1<\theta<\infty$。考虑非对称极限 $\theta\to\infty$ 和 $\theta\to1$，可得 η_E 的上下限关系式为

$$\eta_E^- =\frac{\eta_c(1+2T_0/T_c)}{2(1+T_0/T_c)+4(q^{-2}-1)(1+T_0/T_c)^2}\leqslant\eta_E$$
$$\leqslant\frac{\eta_c(1+2T_0/T_c)}{2(1+T_0/T_c)+4(q^{-2}-1)(1+T_0/T_c)^2-\eta_c}=\eta_E^+ \tag{11.11}$$

在紧耦合（$|q|=1$）条件下，式(11.11)约化为

$$\frac{\eta_c(1+2T_0/T_c)}{2(1+T_0/T_c)}\leqslant\eta_E\leqslant\frac{\eta_c(1+2T_0/T_c)}{2(1+T_0/T_c)-\eta_c} \tag{11.12}$$

在对称性耗散（$\gamma_c=\gamma_h$）条件下，式(10.10)约化为

$$\eta_E^{\mathrm{Sym}}=\frac{1+T_0(2-\eta_c)/T_c}{[2+T_0(2-\eta_c)/T]+(q^{-2}-1)[2+T_0(2-\eta_c)/T]^2-\eta_c/2} \tag{11.13}$$

在紧耦合条件下，式(11.13)约化为

$$\eta_E^{\mathrm{Sym}}(|q|=1)=\frac{1+T_0(2-\eta_c)/T_c}{[2+T_0(2-\eta_c)/T]-\eta_c/2} \tag{11.14}$$

这样，式(11.10)～式(11.14)构成了生态判据下最小非线性不可逆热机的主要结果。

为了分析环境温度 T_0 对 η_E 的影响，对于不同的 T_0，η_E 与耗散比 γ_c/γ_h 的函数关系如图 11.2 所示。众所周知，$q=L_{21}/\sqrt{L_{11}L_{22}}$ 反映了内部自由度的耦合[37]。对于非紧耦合情况（$|q|=0.9$），η_E 随着 γ_c/γ_h 单调减小，最后维持在一个稳定值[图 11.2(a)]。由于耗散系数（γ_c 和 γ_h）的非平衡会导致 η_E 的剧烈变化，但是随着 γ_c/γ_h 的增加，大的耗散比 γ_c/γ_h（与其他量相比较）主导了 η_E 的主要行为[式(11.10)]。这样，η_E 几乎不变。由于非紧耦合项 $4(q^{-2}-1)(\theta+T_0\Theta)^2/\theta$ 含在式(11.10)分母之中，由于 T_0 的增加，分母将变大。这样，可以看到 T_0 的增加会导致 η_E 的减小[图 11.2(a)]。对于紧耦合情况（$|q|=1$），与图 11.2(a)比较，η_E-γ_c/γ_h 展现了相反的行为[图 11.2(b)]，即 T_0 的增加导致 η_E 的增强。

为了从物理上更好地理解上述行为，我们将式(11.9)代入式(11.7)，可以得到一个约化的损失功率

$$\Sigma_h=\frac{T_0\sigma}{[L_{12}^2/(\gamma_h L_{11}^2)]}=\frac{T_0\eta_c^2}{T_c}\left\{(q^{-2}-1)/\theta-\frac{(\theta-\eta_c)}{4\left[\theta+\frac{T_0}{T_c}(\theta-\eta_c)^2\right]}\right\} \tag{11.15}$$

Σ_h 能够量化损失功率，这个损失功率源于系统与环境之间的熵产生率。一方面，当 $|q|=1$ 时，$\Sigma_h\propto1/T_0$ 之间的关系清晰地表明了 T_0 增加导致损失功率的

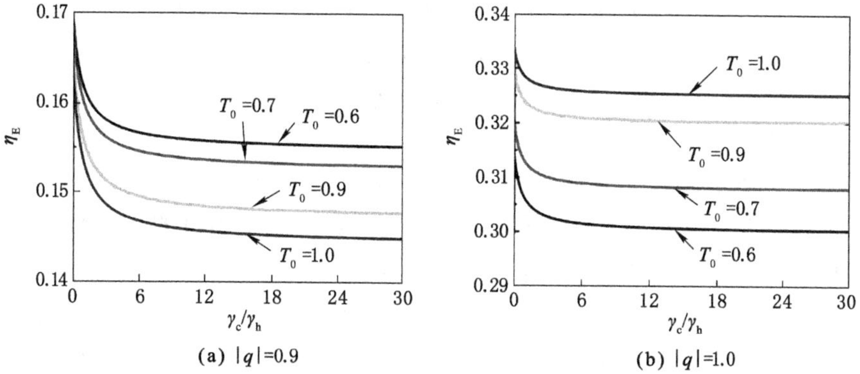

图 11.2　对于不同的 T_0，η_E 与 γ_c/γ_h 的函数关系

减小。这样，系统的可利用功率增加了。另一方面，当 $|q|=1$ 时，式(11.10)中的 $4(q^{-2}-1)(\theta+T_0\Theta)^2/\theta$ 变为零，优化效率为

$$\eta_E(|q|=1)=\frac{\eta_c(\theta+2T_0\Theta)}{2(\theta+T_0\Theta)-\eta_c}=\eta_c\left[1-\frac{\theta-\eta_c}{2(\theta+T_0\Theta)-\eta_c}\right] \tag{11.16}$$

从式(11.16)中可以看出，在紧耦合条件下，η_E 对 T_0 的依赖关系展现出了增大的特性。因此，以上分析清楚地显示了图 11.2(b)所示的特征。这些结果意味着热装置热力学性能与耦合度($|q|$)有关。

当 $T_0=T_c$ 时，利用式(11.10)～式(11.13)，可以得到如下关系式

$$\eta_E^c=\frac{\eta_c(3\theta-2\eta_c)}{4\theta-3\eta_c+\dfrac{4}{\theta}(q^{-2}-1)(2\theta-\eta_c)^2} \tag{11.17}$$

$$\eta_E^{c-}=\frac{3\eta_c}{4+16(q^{-2}-1)}\leqslant\eta_E\leqslant\frac{\eta_c(3-2\eta_c)}{4-3\eta_c+4(q^{-2}-1)(2-\eta_c)^2}=\eta_E^{c+} \tag{11.18}$$

$$\eta_E^{c-}(|q|=1)=\frac{3\eta_c}{4}\leqslant\eta_E(|q|=1)\leqslant\frac{\eta_c(3-2\eta_c)}{4-3\eta_c}=\eta_E^{c+}(|q|=1) \tag{11.19}$$

$$\eta_E^{Sym(c)}(\theta=2)=\frac{\eta_c(3-\eta_c)}{4-3\eta_c/2+(q^{-2}-1)(4-\eta_c)^2} \tag{11.20}$$

当 $|q|=1$ 时，由式(11.20)可以得到

$$\eta_E^{Sym(c)}(\theta=2,|q|=1)=\frac{6-2\eta_c}{8-3\eta_c}\eta_c \tag{11.21}$$

式(11.17)～式(11.19)以及式(11.21)也已被文献[39]报道过。事实上，对于最小非线性不可逆热机而言，其权衡优化判据 $\Omega=(2\eta-\eta_c)\dot{Q}_h$，借助于 $\dot{Q}_c$ 和 $\dot{Q}_h$，Ω 函数还可以表示为

$$\Omega=(2\eta-\eta_c)\dot{Q}_h=2P-\eta_c\dot{Q}_h=\left(1+\frac{T_c}{T_h}\right)\dot{Q}_h-2\dot{Q}_c \tag{11.22}$$

另一方面，当 $T_0=T_c$ 时，生态函数 E 可以表示为

$$E=P-T_c\sigma=\dot{Q}_h-\dot{Q}_c-T_c\left(-\frac{\dot{Q}_h}{T_h}+\frac{\dot{Q}_c}{T_c}\right)=\left(1+\frac{T_c}{T_h}\right)\dot{Q}_h-2\dot{Q}_c \tag{11.23}$$

显然，权衡判据 Ω 是生态判据 E 在 $T_0=T_c$ 时的一个特例。

事实上，环境温度 T_0 是一个变量[24]，这主要取决于热机的工作环境。若 $T_0=T_h$，基于式(11.10)～式(11.13)，可得如下关系式

$$\eta_E^h=\frac{\eta_c[3\theta-(2+\theta)\eta_c]}{4\theta-(2\theta+3)\eta_c+\eta_c^2+\frac{4}{\theta}(q^{-2}-1)[2\theta-(\theta+1)\eta_c]^2/(1-\eta_c)} \tag{11.24}$$

$$\eta_E^{h-}=\frac{\eta_c(3-\eta_c)(1-\eta_c)}{2(2-\eta_c)(1-\eta_c)+4(q^{-2}-1)(2-\eta_c)^2}\leqslant\eta_E^h\leqslant\frac{3\eta_c}{4-\eta_c+16(q^{-2}-1)}=\eta_E^{h+} \tag{11.25}$$

$$\eta_E^{h-}(|q|=1)=\frac{\eta_c(3-\eta_c)}{2(2-\eta_c)}\leqslant\eta_E^h(|q|=1)\leqslant\frac{3\eta_c}{4-\eta_c}=\eta_E^{h+}(|q|=1) \tag{11.26}$$

$$\eta_E^{\mathrm{Sym(h)}}(\theta=2)=\frac{\eta_c(6-4\eta_c)}{8-7\eta_c+\eta_c^2+2(q^{-2}-1)(4-3\eta_c)^2/(1-\eta_c)} \tag{11.27}$$

同样，在 $|q|=1$ 时，由式(11.27)可得

$$\eta_E^{\mathrm{Sym(h)}}(\theta=2,|q|=1)=\frac{\eta_c(6-4\eta_c)}{8-7\eta_c+\eta_c^2} \tag{11.28}$$

虽然 η_E^h 的公式有点复杂，但是，我们仍可以看出 θ 和 $|q|$ 决定 η_E^h 的特征。随着耦合强度 $|q|$ 的增加，η_E^h 明显增强，在 $\theta=2$ 时特别明显[式(11.27)]。在紧耦合 $|q|=1$ 条件下，$\eta_E^{\mathrm{Sym(h)}}(\theta=2,|q|=1)$ 随着卡诺效率 η_c 呈现了单调变化行为。可以看出，上限 η_E^{h+}（下限 η_E^{h-}）与耗散比 γ_c/γ_h 无关；而 $|q|$ 增加导致 η_E^{h+} 和 η_E^{h-} 幅度的增强[式(11.25)和式(11.26)]。当环境温度等于热源的温度时，上面的结果为优化热机提供了理论指导。

当 $\theta=2$ 时，对于不同的 $|q|$，图 11.3 呈现了 $\eta_E^{\mathrm{Sym(c)}}$（$\eta_E^{\mathrm{Sym(h)}}$）随着 η_c 的演化行为。$\eta_E^{\mathrm{Sym(c)}}$ 随着 η_c 单调增加，并且 $|q|$ 增加也会导致 $\eta_E^{\mathrm{Sym(c)}}$ 增强。$\eta_E^{\mathrm{Sym(c)}}$ 的行为可从式(11.20)进行定性理解。从图 11.3 可以看出，当 $|q|\neq1$ 时，$\eta_E^{\mathrm{Sym(h)}}$ 与 $\eta_E^{\mathrm{Sym(c)}}$ 呈现出不同的行为，且 $\eta_E^{\mathrm{Sym(h)}}$-η_c 曲线存在极值。这主要源于式(11.27)中 $2(q^{-2}-1)(4-3\eta_c)^2/(1-\eta_c)$ 的存在。当 $|q|=1$ 时，$\eta_E^{\mathrm{Sym(h)}}$ 会恢复单调特征，这种行为可用式(11.28)进行定性解释。

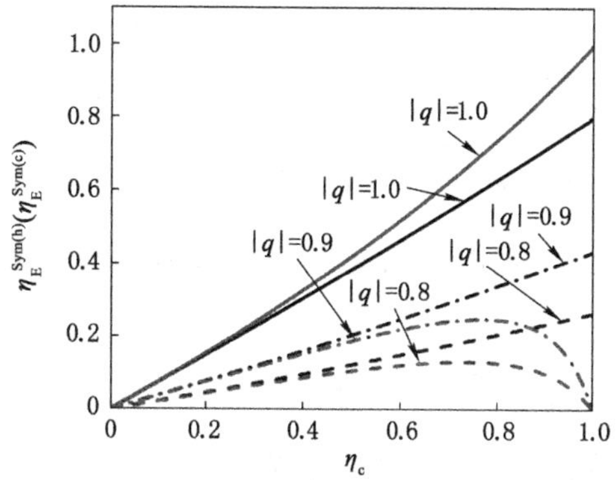

图 11.3　对于不同的 $|q|$ 值，$\eta_E^{Sym(h)}(\theta=2)$ 和 $\eta_E^{Sym(c)}(\theta=2)$ 与 η_c 的函数关系图

11.3　最小非线性不可逆制冷机的生态优化

最小非线性不可逆制冷机的物理模型如图 11.4 所示。利用拓展的昂萨格关系可以描述最小非线性不可逆制冷机，其表达式为

$$J_1=L_{11}A_1+L_{12}A_2 \tag{11.29}$$

$$J_2=L_{21}A_1+L_{22}A_2-\gamma_c J_1^2 \tag{11.30}$$

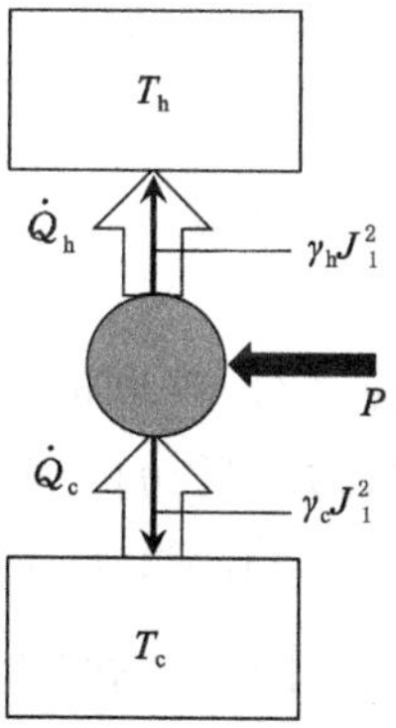

图 11.4　最小非线性不可逆制冷机模型

这里 $-\gamma_c J_1^2$ 表示在冷库中的功率耗散，γ_c 为耗散强度。定义如下热力学量 $A_1=F/T_h$，$J_1=\dot{x}$，$A_2=1/T_h-1/T_c$，$J_c=\dot{Q}_c$。于是，输入功率可以表示为 $P=F\dot{x}=A_1T_hJ_1$，流入热库的热流为 $\dot{Q}_h=\dot{Q}_c+P=J_2+A_1T_hJ_1$。利用式(11.29)和

式(11.30),$\dot{Q}_c$ 和 $\dot{Q}_h$ 可以重新表示为

$$\dot{Q}_c=\frac{L_{21}}{L_{11}}J_1+L_{22}(1-q^2)A_2-\gamma_c J_1^2 \tag{11.31}$$

$$\dot{Q}_h=\frac{L_{21}T_h}{L_{11}T_c}J_1+L_{22}(1-q^2)A_2+\gamma_h J_1^2 \tag{11.32}$$

这里 $\gamma_h=T_h/L_{11}-\gamma_c>0$ 指的是热库的功率耗散强度。这样,系统的熵产生率为

$$\sigma=-\frac{\dot{Q}_c}{T_c}+\frac{\dot{Q}_h}{T_h}=L_{22}(1-q^2)A_2^2+\frac{\gamma_h}{T_h}J_1^2+\frac{\gamma_c}{T_c}J_1^2 \tag{11.33}$$

对于最小非线性不可逆热机而言,生态函数为[26,34]

$$E=\dot{Q}_c-T_0\varepsilon_c\sigma=\frac{L_{21}}{L_{11}}J_1+L_{22}(1-q^2)A_2-\gamma_c J_1^2-T_0\varepsilon_c\left[L_{22}(1-q^2)A_2^2+\frac{\gamma_h}{T_h}J_1^2+\frac{\gamma_c}{T_c}J_1^2\right] \tag{11.34}$$

令$\partial E/\partial J_1=0$,可得

$$J_1^*=\frac{L_{12}/L_{11}}{2\left[\gamma_c+T_0\varepsilon_c\left(\frac{\gamma_h}{T_h}+\frac{\gamma_c}{T_c}\right)\right]} \tag{11.35}$$

于是,生态判据下的制冷系数为

$$\varepsilon_E=\frac{\dot{Q}_c(J_1^*)}{P(J_1^*)}=\frac{2(1+\varepsilon_c T_0\Phi)-\frac{4}{\varepsilon_c\varphi}(q^{-2}-1)(1+\varepsilon_c T_0\Phi)^2-1}{\frac{2}{\varepsilon_c}(1+\varepsilon_c T_0\Phi)+\varphi} \tag{11.36}$$

其中 $\varphi=\gamma_h/\gamma_c+1$,$\Phi=1/T_c+(\varphi-1)/T_h$。由于 $\gamma_h=T_h/L_{11}-\gamma_c>0$,于是 $1<\varphi<\infty$。

由式(11.36)可以看出,ε_E 与 γ_c/γ_h 之间的关系有点复杂,但是图 11.5 清晰地反映了 ε_E 随着 γ_c/γ_h 的演化行为。当$|q|=0.9$ 时,ε_E 首先随着 γ_c/γ_h 单调增加,然后达到一个稳定值[图 11.5(a)]。当 T_0 增加时,ε_E 随之减小,这源于增加 T_0 增强了式(11.36)中$\frac{4}{\varepsilon_c\varphi}(q^{-2}-1)(1+\varepsilon_c T_0\Phi)^2$ 的贡献。当$|q|=1$ 时,式(11.36)变为

$$\varepsilon_E=\varepsilon_c\left[1-\frac{1+\varphi}{2(1+\varepsilon_c T_0\Phi)+\varepsilon_c\varphi}\right] \tag{11.37}$$

随着 γ_c/γ_h 增加,ε_E 首先减小,但是稳定值依然存在[图 11.5(b)]。值得注意的是,随着 T_0 的增加,ε_E 显著增强。一方面,这可以从式(11.37)得到解释。另一方面,借助于式(11.33)和式(11.35),我们可以得到约化的损失制冷率为

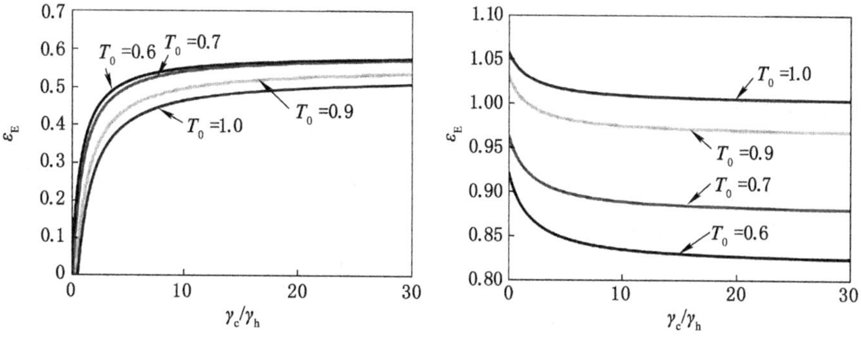

(a) $|q|$=0.9　　(b) $|q|$=1.0

图 11.5　对于不同的 T_0，ε_E 与 γ_c/γ_h 的函数关系

$$\Sigma_c=\frac{T_0\varepsilon_c\sigma}{L_{12}^2/(L_{11}^2\gamma_c)}=\frac{(T_0/T_h)(\varepsilon_c\varphi+1)}{4[1+(T_0/T_h)(\varepsilon_c\varphi+1)]^2} \tag{11.38}$$

定性地，损失制冷率具有如下关系 $\Sigma_c\propto 1/T_0$，于是 T_0 的增加导致 Σ_c 的减小。这样，可利用制冷功率的增加导致制冷系数 ε_E 的增强。

当 $T_0=T_c$ 时，式(11.36)可以重新写为

$$\varepsilon_E^{(c)}=\varepsilon_c\frac{(2\varphi\varepsilon_c^2+3\varepsilon_c+1)-\dfrac{4}{\varepsilon_c\varphi}(q^{-2}-1)\dfrac{(\varphi\varepsilon_c^2+2\varepsilon_c+1)^2}{(1+\varepsilon_c)}}{4\varphi\varepsilon_c^2+(4+\varphi)\varepsilon_c+2} \tag{11.39}$$

从式(11.39)可以看出，ε_E 与参数 φ 和 q 之间的关系较为复杂。但是，$|q|$ 的增加仍可以增强制冷系数。在紧耦合条件下($|q|=1$)，则有

$$\varepsilon_E^{(c)}(|q|=1)=\varepsilon_c\frac{(2\varphi\varepsilon_c^2+3\varepsilon_c+1)}{4\varphi\varepsilon_c^2+(4+\varphi)\varepsilon_c+2} \tag{11.40}$$

式(11.40)表明增加 φ 不利于增强制冷系数。在非对称耗散极限($\varphi\to\infty$ 和 $\varphi\to 1$)条件下，$\varepsilon_E^{(c)}(|q|=1)$的上下限为

$$\varepsilon_E^{(c-)}(|q|=1)=\frac{2\varepsilon_c^2}{4\varepsilon_c+2}\leqslant\varepsilon_E^{(c)}(|q|=1)\leqslant\varepsilon_c\frac{(2\varepsilon_c^2+3\varepsilon_c+1)}{4\varepsilon_c^2+5\varepsilon_c+2}=\varepsilon_E^{(c+)}(|q|=1) \tag{11.41}$$

从式(11.41)可以看出，制冷系数的上下限与 φ 无关。对于对称性耗散情况($\gamma_h=\gamma_c$ 或者 $\varphi=2$)，优化的制冷系数

$$\varepsilon_E^{\mathrm{Sym}(c)}(|q|=1,\varphi=2)=\varepsilon_c\frac{(4\varepsilon_c^2+3\varepsilon_c+1)}{8\varepsilon_c^2+6\varepsilon_c+2} \tag{11.42}$$

式(11.41)与式(11.42)为在生态优化条件下操控制冷机的行为提供了有效方法。

当 $T_0=T_h$ 时，优化的制冷系数为

$$\varepsilon_E^{(h)}=\varepsilon_c\frac{\left[3+2\varphi\varepsilon_c-\frac{4}{\varphi\varepsilon_c}(q^{-2}-1)(2+\varphi\varepsilon_c)^2\right]}{4+3\varphi\varepsilon_c} \tag{11.43}$$

在紧耦合条件下($|q|=1$),式(11.43)约化为

$$\varepsilon_E^{(h)}=\varepsilon_c\frac{3+2\varphi\varepsilon_c}{4+3\varphi\varepsilon_c} \tag{11.44}$$

当 $\varphi\to\infty$ 和 $\varphi\to1$ 时,则有

$$\varepsilon_E^{(h-)}(|q|=1)=\frac{2}{3}\varepsilon_c\leqslant\varepsilon_E^{(h)}(|q|=1)\leqslant\frac{(3+2\varepsilon_c)}{4+3\varepsilon_c}\varepsilon_c=\varepsilon_E^{(h+)}(|q|=1) \tag{11.45}$$

对于对称性耗散情况($\gamma_h=\gamma_c$ 或者 $\varphi=2$),优化的制冷系数

$$\varepsilon_E^{\mathrm{Sym}(h)}(|q|=1,\varphi=2)=\varepsilon_c\frac{3+4\varepsilon_c}{4+6\varepsilon_c} \tag{11.46}$$

需要注意的是式(11.43)~式(11.46)已在文献[39]中报道过。在数学上,当 $T_0=T_h$ 时,生态函数为

$$E=\dot{Q}_c-T_h\varepsilon_c\sigma=\dot{Q}_c-T_h\varepsilon_c\left(-\frac{\dot{Q}_c}{T_c}+\frac{\dot{Q}_h}{T_h}\right)=(2+\varepsilon_c)\dot{Q}_c-\varepsilon_c\dot{Q}_h \tag{11.47}$$

此外,权衡优化函数 Ω 表达式为

$$\Omega=(2\varepsilon-\varepsilon_c)P=2\dot{Q}_c-\varepsilon_c(\dot{Q}_h-\dot{Q}_c)=(2+\varepsilon_c)\dot{Q}_c-\varepsilon_c\dot{Q}_h \tag{11.48}$$

可以看出,式(11.47)和式(11.48)之间等价性表明权衡判据可以视为生态判据的一个特例。

最后,在紧耦合条件下($|q|=1$),对于不同的 φ 值,制冷系数 $\varepsilon_E^{(h)}$($\varepsilon_E^{(c)}$)与卡诺制冷系数 ε_c 之间的关系如图 11.6 所示。φ 的增加导致 $\varepsilon_E^{(c)}$ 的减小,这意味着 φ 增加导致 $\varepsilon_E^{(c)}$ 接近下限。虽然 $\varepsilon_E^{(h)}$ 与 ε_c 之间呈现线性关系,但是随 φ 的增加,$\varepsilon_E^{(h)}$ 变化的区域较为狭窄。当 $T_0=T_h$ 时,仍然可以得到较大的制冷系数。在实

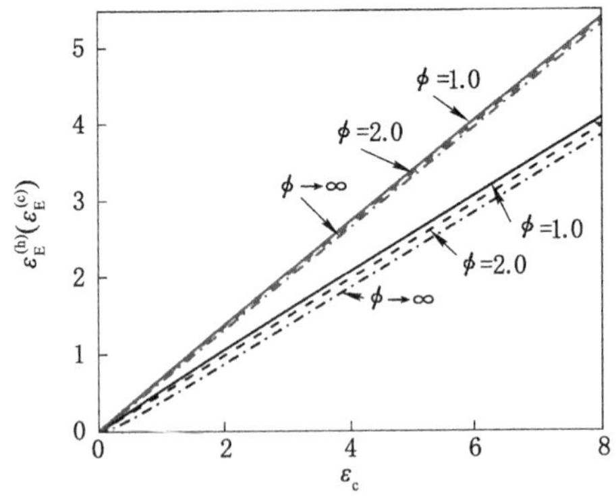

图 11.6　对于不同的 φ 值,$\varepsilon_E^{(h)}(|q|=1)$ 与 $\varepsilon_E^{(c)}(|q|=1)$ 和 ε_c 的函数关系图

践上，这些结果为优化制冷机性能提供了较为灵活的方式。

11.4 研究结论

综上所述，我们基于生态判据研究了环境温度对最小非线性不可逆热装置性能的影响，推导出了效率和制冷系数的解析表达式，这些公式虽然复杂，但具有明确的物理意义。对于最小非线性不可逆热机而言，随着耗散比 γ_c/γ_h 的增加，效率先减小后趋于稳定。这意味着大的耗散比几乎支配着最小非线性不可逆热机的效率。但在紧耦合($q^2=1$)条件下，随着环境温度 T_0 的升高，与 $|q|=0.9$ 的情况相反，η_E 呈现出相反的变化行为。这归因于损耗功率的减小以及耦合的完美程度。在特殊情况下，我们推导了效率及其束缚边界的一些有用公式，随耦合强度的不同，效率曲线表现为线性或非线性行为。

与最小非线性不可逆热机类似，我们得到了最小非线性不可逆制冷机的制冷系数及其约束边界。发现温度 T_0 的变化可能增加或减少制冷系数，这与可利用的制冷功率和 $|q|$ 有关。此外，在紧耦合条件下，大的 γ_h/γ_c 提供了获得相对大的制冷系数的可能性。值得注意的是，我们完全明确了生态优化与所谓"权衡优化"之间的联系。事实上，热器件的摩擦损耗和热电器件的焦耳热都是不可避免的，最小非线性不可逆模型可以很好地描述实际的热装置。一方面，实际的热装置通常在外部环境中运行；另一方面，生态优化准则可以为分析外部环境热装置的热力学性能提供有效工具。当考虑环境因素时，我们的研究结果为优化工作在非线性区域的实际热装置提供了有价值的指导。

参考文献

[1] VAUDREY A, LANZETTA F, FEIDT M H B. Reitlinger and the origins of the efficiency at maximum powerformula for heat engines [J]. Journal of Non-Equilibrium Thermodynamics, 2014, 39 (4): 199-203.

[2] CURZON F L, AHLBORN B. Efficiency of a Carnot engine at maximum power output[J]. American Journal of Physics, 1975, 43 (1): 22-24.

[3] ANDRESEN B. Current trends in finite-time thermodynamics[J]. Angewandte Chemie International Edition, 2011, 50(12): 2690-2704.

[4] ANDRESEN B, SALAMON P. Future perspectives of finite-time thermodynamics[J]. Entropy, 2022, 24(5): 690.

[5] KAUSHIK S C, TYAGI S K, KUMAR P. Finite time thermodynamics of power and refrigeration cycles[M]. Cham: Springer, 2017.

[6] BEJAN A. Entropy generation minimization: the method of thermodynamic optimization of finite-size systems and finite-time processes[M]. Boca Raton: CRC Press, 1996.

[7] ESPOSITO M, KAWAI R, LINDENBERG K, et al. Efficiency at maximum power of low-dissipation Carnot engines [J]. Physical Review Letters, 2010, 105(15): 150603.

[8] VAN DEN BROECK C. Thermodynamic efficiency at maximum power [J]. Physical Review Letters, 2005, 95(19): 190602.

[9] SCHMIEDL T, SEIFERT U. Efficiency at maximum power: an analytically solvable model for stochastic heat engines [J]. EPL (Europhysics Letters), 2008, 81(2): 20003.

[10] YAN H, GUO H. Efficiency and its bounds for thermal engines at maximum power using Newton's law of cooling[J]. Physical Review E, 2012, 85: 011146.

[11] ESPOSITO M, KAWAI R, LINDENBERG K, et al. Quantum-dot Carnot engine at maximum power[J]. Physical Review E, 2010, 81(4): 041106.

[12] BRANDNER K, SEIFERT U. Multi-terminal thermoelectric transport in a magnetic field: bounds on Onsager coefficients and efficiency[J]. New Journal of Physics, 2013, 15(10): 105003.

[13] RYABOV A, HOLUBEC V. Maximum efficiency of steady-state heat engines at arbitrary power [J]. Physical Review E, 2016, 93(5): 050101.

[14] HOLUBEC V, RYABOV A. Maximum efficiency of low-dissipation heat engines at arbitrary power[J]. Journal of Statistical Mechanics: Theory and Experiment, 2020: 073204.

[15] HOLUBEC V, YE Z L. Maximum efficiency of low-dissipation refrigerators at arbitrary cooling power[J]. Physical Review E, 2020, 101: 052124.

[16] SINGH V, JOHAL R S. Low-dissipation Carnot-like heat engines at maximum efficient power [J]. Physical Review E, 2018, 98(6): 062132.

[17] HERNÁNDEZ A C, MEDINA A, ROCO J M M, et al. Unified optimization criterion for energy converters[J]. Physical Review E, 2001,63(3):037102.

[18] DE TOMAS C, ROCO J M M, HERNÁNDEZ A C, et al. Low-dissipation heat devices: unified trade-off optimization and bounds [J]. Physical Review E,2013,87:012105.

[19] LONG R, LIU W. Unified trade-off optimization for general heat devices with nonisothermal processes[J]. Physical Review E,2015,91 (4):042127.

[20] GONZALEZ-AYALA J, CALVO HERNÁNDEZ A, ROCO J M. From maximum power to a trade-off optimization of low-dissipation heat engines: influence of control parameters and the role of entropy generation[J]. Physical Review E,2017,95:022131.

[21] ZHANG Y C, HUANG C K, LIN G X, et al. Universality of efficiency at unified trade-off optimization[J]. Physical Review E, 2016,93(3):032152.

[22] ZHANG Y C, HUANG C K, LIN G X, et al. Efficiency bounds of molecular motors under a trade-off figure of merit[J]. Physica A: Statistical Mechanics and Its Applications,2017,474:230-236.

[23] ANGULO-BROWN F. An ecological optimization criterion for finite-time heat engines[J]. Journal of Applied Physics,1991,69(11):7465-7469.

[24] YAN Z J. Comment on "An ecological optimization criterion for finite-time heat engines" [J]. Journal of Applied Physics, 1993, 73 (7):3583.

[25] YAN Z J. Comment on "a general property of endoreversible thermal engines"[J]. Journal of Applied Physics,2001,89(2):1518-1519.

[26] YAN Z J, CHEN L X. Optimization of the rate of exergy output for an endoreversible Carnot refrigerator [J]. Journal of Physics D: Applied Physics,1996,29(12):3017-3021.

[27] TYAGI S K, KAUSHIK S C, SALHOTRA R. Ecological optimization and performance study of irreversible Stirling and Ericsson heat engines[J]. Journal of Physics D: Applied Physics, 2002,35(20):2668-2675.

[28] CHENG C Y, CHEN C K. Ecological optimization of an irreversible Brayton heat engine[J]. Journal of Physics D: Applied Physics, 1999, 32(3): 350-357.

[29] CHEN L G, XIAOQIN Z, SUN F, et al. Ecological optimization for generalized irreversible Carnot refrigerators[J]. Journal of Physics D: Applied Physics, 1999, 38: 113-118.

[30] AÇıKKALP E. Analysis of a Brownian heat engine with ecological criteria[J]. The European Physical Journal Plus, 2016, 131(12): 426.

[31] WANG H, WU G X. Ecological optimization for generalized irreversible macro/nano thermosize engine[J]. Journal of Applied Physics, 2013, 113(5): 054309.

[32] CHEN L G, ZHOU J P, SUN F R, et al. Ecological optimization for generalized irreversible Carnot engines[J]. Applied Energy, 2004, 77 (3): 327-338.

[33] LONG R, LIU W. Ecological optimization for general heat engines [J]. Physica A: Statistical Mechanics and Its Applications, 2015, 434: 232-239.

[34] LONG R, LIU W. Ecological optimization and coefficient of performance bounds of general refrigerators[J]. Physica A, 2016, 14: 443.

[35] IZUMIDA Y, OKUDA K. Efficiency at maximum power of minimally nonlinear irreversible heat engines[J]. EPL (Europhysics Letters), 2012, 97(1): 10004.

[36] IZUMIDA Y, OKUDA K, CALVO HERNÁNDEZ A, et al. Coefficient of performance under optimized figure of merit in minimally nonlinear irreversible refrigerator[J]. EPL (Europhysics Letters), 2013, 101(1): 10005.

[37] IZUMIDA Y, OKUDA K, ROCO J M, et al. Heat devices in nonlinear irreversible thermodynamics [J]. Physical Review E, 2015, 91 (5): 052140.

[38] LONG R, LIU W. Efficiency and its bounds of minimally nonlinear irreversible heat engines at arbitrary power[J]. Physical Review E, 2016, 94: 052114.

[39] LONG R, LIU Z C, LIU W. Performance optimization of minimally

nonlinear irreversible heat engines and refrigerators under a trade-off figure of merit[J]. Physical Review E,2014,89(6):062119.

[40] IYYAPPAN I,PONMURUGAN M. General relations between the power,efficiency,and dissipation for the irreversible heat engines in the nonlinear response regime [J]. Physical Review E, 2018, 97:012141.